MANIPULATIONS
DE CHIMIE

LEÇONS PRATIQUES

A L'USAGE DES

ÉLÈVES DES ÉTABLISSEMENTS D'ENSEIGNEMENT SPÉCIAL, PROFESSIONNEL
ET PRIMAIRE SUPÉRIEUR

PAR

RENÉ LEBLANC

Agrégé de sciences physiques,
Directeur de l'École normale spéciale de Travail manuel à Paris.

PARIS

LIBRAIRIE CLASSIQUE F.-E. ANDRÉ-GUÉDON

15, RUE SÉGUIER, 15

MANIPULATIONS DE CHIMIE

OUVRAGES DE M. C. HARAUCOURT

Agrégé de l'Université, Professeur au Lycée et à l'École des Sciences de Rouen.

Cours élémentaire de physique à l'usage des *Lycées*, des *Collèges* des candidats aux baccalauréats, et de tous les établissements d'Instruc, tion, contenant de nombreux exercices numériques résolus et à résoudre. *Quatrième édition* revue et corrigée, 1 v. in-8, br . . . . 6 »

Leçons élémentaires de physique, à l'usage des Écoles primaires supérieures, avec de nombreux exercices numériques. *douzième édition*. 1 vol. in-12, cartonné . . . . 3 »

Cours de physique, à l'usage de l'Enseignement secondaire des jeunes filles et des candidats au brevet supérieur, d'après les programmes officiels. *Troisième édition*. 1 vol. in-8, broché . . . . 4 »

Notions de chimie (*Programme du 10 août 1886*), à l'usage des élèves de l'Enseignement spécial.
Troisième année (Métalloïdes). *Cinquième édition*. 1 vol. in-8, br. 2 »
Quatrième année (Métaux). *Quatrième édition*. 1 vol. in-8, br. 2 50
Cinquième année (Chimie organique). *Cinquième édition*. 1 vol. in-8, broché 1 80

Chacun de ces trois ouvrages est augmenté des manipulations exigées par les programmes du 10 août 1886.

Cours élémentaire de chimie, comprenant les métalloïdes et leurs composés, les métaux et leurs sels, les corps organiques et leurs applications, à l'usage des Lycées et Collèges, des Écoles normales primaires et des aspirants au brevet supérieur. *Quatrième édition*. 1 vol. in-8, broché . . . . 4 »

Leçons élémentaires de chimie, à l'usage des Écoles primaires supérieures. *Onzième édition*. 1 vol. in-12, cartonné . . . . 2 »

Leçons de chimie, à l'usage des candidats au brevet supérieur. 1 volume in-8, broché 3 50

Premières leçons de chimie, rédigées conformément au programme du 2 août 1880, à l'usage des élèves de la classe de sixième et des classes primaires supérieures, 1 vol. in-12, broché . . . . 1 »

Leçons élémentaires d'Histoire naturelle, à l'usage des écoles primaires supérieures. *Cinquième édition*. 1 vol. in-12, cart . . . . 2 »

Notions élémentaires de sciences physiques et naturelles, à l'usage du Cours supérieur des écoles primaires, des Cours complémentaires et des candidats au brevet élémentaire. *Seizième édition*. 1 vol. in-12, cartonné 2 40

OUVRAGES DE M. RENÉ LEBLANC

Les sciences physiques à l'école primaire et dans les classes préparatoires. 365 expériences faciles à exécuter et très concluantes.
Première partie (**Physique**). *Sixième édition*. 1 vol. in-12, broché 1 50
Deuxième partie (**Chimie**). *Cinquième édition*. 1 vol. in-12, broché 1 50

Première et deuxième partie réunies en 1 vol. in-12, cartonné . . . . 3 »
Ouvrage adopté pour les Écoles de la ville de Paris.

Manipulations de chimie, leçons pratiques à l'usage des élèves des établissements d'Enseignement spécial, professionnel et primaire supérieur. *Cinquième édition*. 1 vol. in-12, broché 1 50

Paris. — Imp. F. CAPIOMONT et Cⁱᵉ, rue des Poitevins, 6.

MANIPULATIONS
DE CHIMIE

LEÇONS PRATIQUES

A L'USAGE DES

ÉLÈVES DES ÉTABLISSEMENTS D'ENSEIGNEMENT SPÉCIAL, PROFESSIONNEL
ET PRIMAIRE SUPÉRIEUR

PAR

RENÉ LEBLANC

Agrégé de sciences physiques,
Directeur de l'École normale spéciale de Travail manuel à Paris.

CINQUIÈME ÉDITION

PARIS
LIBRAIRIE CLASSIQUE F.-E. ANDRÉ-GUÉDON
15, RUE SÉGUIER, 15

INSTALLATION DES MANIPULATIONS

Chacun est d'avis que l'étude des sciences physiques doit avoir pour base l'expérience. Les cours de chimie de l'enseignement spécial ou professionnel sont presque partout accompagnés de travaux pratiques destinés à rendre plus attrayante, plus facile et plus fructueuse l'étude qu'on impose à l'élève.

Étant donnés l'âge de celui-ci et son inexpérience au début, la direction du professeur devient indispensable et doit être de tous les instants. Dans ces conditions seulement, les manipulations auront une véritable utilité, et les chances d'accidents auxquelles elles pourront donner lieu seront supprimées.

L'outillage étant très reduit dans la plupart des laboratoires, on répartit habituellement les élèves d'une division en groupes qui exécutent séparément, dans une même séance, des expériences très différentes, et il est bien difficile au professeur de suivre d'une manière suffisamment attentive les travaux de tous ses élèves et de les diriger.

Si, au contraire, l'outillage est suffisant, les différents groupes peuvent faire, tous et en même temps, la même expérience, ainsi que le professeur; et si celui-ci, de sa place, voit tous les appareils, sa direction deviendra non seulement possible, mais facile et efficace. Les résultats obtenus dans ces conditions sont de tous points supérieurs à ceux que donne la méthode ordinaire.

Contrairement à ce que l'on serait tenté de croire, on peut avoir à bas prix un outillage convenable; il n'y a qu'à le bien choisir.

Celui dont on trouvera ci-dessous le détail est à la fois suffisant pour assurer la réussite des expériences, presque coquet et peu coûteux.

Les expériences décrites dans les chapitres qui vont suivre comprennent les sujets principaux des cours élémentaires (2me et 3me années de l'enseignement spécial). Les élèves peuvent faire toutes ces expériences en deux années, en consacrant par semaine une heure et demie aux manipulations.

Le prix de revient ne dépasse pas 5 *francs par élève et par an*, la location de la salle et de son mobilier n'étant pas comptée dans ce chiffre (1).

Dans une troisième année (révision et complément, cours de 4me année de l'enseignement spécial) on pourra répéter, pendant le premier trimestre, les expériences les plus importantes (préparation de produits purs) et les essais d'analyse qualitative (ch. III).

Puis il sera bon d'habituer l'élève à se passer de direction ; du reste, il aura acquis déjà une certaine habileté, et il n'y a plus d'inconvénients à ce que les expériences soient différentes dans chaque groupe. Il peut y avoir simultanément cinq ou six sujets d'étude, mais pas davantage.

Voici quelques essais que les élèves seront alors à même de faire :

Alcalimétrie, acidimétrie; dosage de quelques sels usuels, de min crais, d'alliages d'engrais, de terres, de savons; hydrotimétrie; saccharimétrie; essais des combustibles; essais de galvanoplastie, photographie, teinture, etc.

Les dépenses, pour cette troisième année, seront un peu supérieures à celles des années précédentes. Pour le premier trimestre le matériel ne sera pas augmenté, la première année ne commençant les travaux pratiques qu'au second trimestre. Pour les manipulations du reste de l'année, il faudra un matériel spécial, relativement coûteux (balances, burettes graduées, creusets de platine, etc.); mais les groupes n'ayant pas tous besoin en même temps du même outillage, la dépense se trouvera peu éloignée des limites indiquées.

(1) Les mêmes tables peuvent servir pour le travail des trois années, lesquelles ne manipulent pas aux mêmes heures. Le matériel (les menus objets étant dans une boîte distincte pour chaque année), sera disposé dans le dessous de la table sur des rayonnages; ceux-ci ne ferment point afin que le désordre ne puisse se cacher.

Une installation complète, conduites de gaz et eau, tables couvertes de briques porcelaine, ferrures, peinture, boîtes et flacons pour produits à distribuer, ète., peut être établie au prix de 100 francs pour chaque place d'un groupe de deux élèves.

Une installation pour trois années de quarante élèves chacune, reviendrait à 2,000 francs environ.

Les différents produits obtenus dans les manipulations seront, s'il y a lieu, collectionnés et étiquetés au nom de l'élève qui les aura préparés ; c'est un excellent moyen d'émulation.

Le combustible le plus économique et le plus commode est le gaz ; à son défaut, on se servira du pétrole ou du charbon.

MATÉRIEL POUR UN GROUPE DE DEUX ÉLÈVES (1)

IL SE COMPOSE DE :

3 ballons, de 90 à 200 grammes
2 entonnoirs,   id.
2 cols droits, de 100 à 200 grammes
2 flacons,   id.
1 ballon, de 500 grammes
1 col droit,   id.
1 cornue, de 100 grammes
3 verres à expériences, de 50, 100 et 150 grammes.
2 tubes à essais.
1 tube à réaction (verre vert).
200 grammes de tubes à gaz et agitateur.
3 éprouvettes à gaz (fioles à pilules).
1 tube métallique.
2 coupelles en fer.
2   id.   en terre .
1   id.   en plomb.
1 lime spéciale pour bouchons.
1 pince en bois, 1 en fer .
1 bain-marie (quart de soldat) .
1 boîte pour contenir les objets ci-dessus.
1 fourneau à gaz et ses accessoires.
1 marmite de fonte.
2 terrines (cuves à eau).
2 assiettes (cristallisoirs).

Il faut en outre, pour la seconde année, une boîte à réactifs d'une valeur de 7 francs ; une seule suffit pour deux groupes.

Les mêmes fourneaux et les mêmes marmites de fonte pouvant sans inconvénients servir à la première et à la seconde année, le prix du matériel reste le même, c'est-à-dire 15 francs.

(1) Parmi les articles composant ce matériel, il en est qu'on trouve partout et qu'il n'est pas besoin d'acheter chez le fabricant ; exemple les assiettes, terrines, marmite de fonte, quart de soldat ; la coupelle de tôle peut être remplacée par un couvercle de boîte à cirage, etc. Le reste du matériel est d'un prix minime (de 12 à 15 fr. environ)- Voir les prix de la Maison **Rousseau** (Rue des Écoles, 44, Paris.) indiqués dans le second volume des *Sciences physiques*, page 429.

MANIPULATIONS DE CHIMIE

DÉPENSE ANNUELLE DES PRODUITS DISTRIBUÉS

aux deux divisions de première et deuxième année (en tout quatre-vingts élèves).

MOYENNE DE DEUX EXERCICES.

DÉTAIL	QUANTITÉS	PRIX	DÉTAIL	QUANTITÉS	PRIX
	k. gr.	fr.		k. gr.	fr.
Tournesol	0,500	1,50	*Report*		48,25
Chlorate de potasse .	0,800	2,80	Orge.	5 »	0,50
Bioxyde de manga-			Citrons	» »	1 »
nèse.	1,500	0,90	Fuchsine	0,020	0,40
Carbonate de potasse.	1 »	1 »	Tabac.	0,040	0,50
» de soude. .	10 »	2,50	Benzine.	0,200	0,40
» de baryte .	1 »	1,25	Soufre.	3 »	0,60
Dolomie naturelle . .	1 »	1 »	Fer	5 »	0,50
Chlorure de potas-			Zinc, lames et gre-		
sium.	2 »	1,50	naille.	3 »	6 »
» de sodium . .	5 »	1 »	Plomb.	2 »	2 »
» d'ammonium.	1 »	1 »	Cuivre, fil et tour-		
Fluorure de calcium.	0.200	0,15	nure	2 »	4 »
Sulfate d'ammonia-			Sodium.	0,010	0,30
que.	2 »	3 »	Mercure (pour pertes)	»	0,50
» de soude. . .	1 »	0,30	1,000 bouchons re-		
» de potasse. .	0,500	0,60	taillés.	»	6 »
Azotate de soude. . .	3 »	3 »	1 rame 1/2 papier à		
» de potasse . .	1 »	1,25	filtrer.	»	18 »
Prussiate jaune. . . .	0,200	0,80	150 paquets allumet-		
Tartre.	0,500	1 »	tes soufrées	»	2 »
Litharge	0,500	0,75	3 mètres toile métal-		
Chaux.	5 »	0,15	lique	»	7,50
Bauxite.	5 »	1,25	10 mètres de caout-		
Os.	5 »	0,50	chouc.	»	4 »
Suif.	1 »	1 »	40 éponges et 40 ailes		
Acide sulfurique (58°)	10 »	1,50	d'oie (service de		
» chlorhydrique.	20 »	2 »	propreté).	»	16 »
» azotique. . . .	2 »	1,50	20 feuilles de papier		
» acétique	1 »	2,50	de verre (service		
Ammoniaque.	3 »	2,25	de propreté)	»	1,50
Alcool.	1 »	3 »	2 hectolitres de char-		
Vin	2 »	1 »	bon.	»	6 »
Glycérine.	0,500	0,80	100 mètres cubes de		
Huile	1 »	1.50	gaz.	»	48 »
Colle-forte	0,200	0,40	Menus produits tels		
Sucre	1 »	1,00	que laine, coton,		
Betteraves.	10 »	0,50	tourteau, iode, etc.,		
Pommes de terre. .	10 »	0,50	et entretien des		
Farine.	2 »	1 »	boîtes à réactifs . .	»	26,05
A reporter . . .		48,25	TOTAL . . .		200,00

INSTALLATION ET PRIX DE REVIENT

DÉPENSE TOTALE ANNUELLE

(Pour quatre-vingts élèves)

40 matériels à 15 fr. — 600 francs.
L'amortissement en 5 ans, par année . . . .   120 fr.
Menue verrerie détruite annuellement.   80
Produits distribués   200

TOTAL . . . . 400 fr.

Soit, par élève et par an, 5 francs.

Les tubes à gaz sont distribués sans être coudés. L'élève, même le plus inexpérimenté, les courbe avec facilité en employant le fourneau à gaz disposé comme celui de la figure 74. Il plonge horizontalement le tube dans la partie supérieure de la flamme, le tourne entre les doigts; lorsque la flamme devient bien jaune, il en retire le tube, et ramenant l'une vers l'autre les deux extrémités, la courbure se fait régulièrement et aussi facilement que s'il s'agissait d'un fil de fer.

Six tubes coudés et quatre tubes droits suffisent pour les appareils les plus compliqués des expériences ci-dessous décrites.

On fera un petit entonnoir de verre en chauffant au rouge l'extrémité d'un tube, et en élargissant la portion ramollie par la chaleur au moyen d'un morceau de charbon conique; on se servira du fourneau chalumeau (*fig.* 93).

Enfin il sera bon d'émousser l'extrémité des tubes et des agitateurs, en la maintenant dans la flamme jusqu'à ce que celle-ci jaunisse.

Les dimensions des appareils servant aux expériences qui vont être décrites sont dix fois celles des figures intercalées dans le texte; les croquis ont été pris sur nature en grandeur naturelle, réduits au dixième par la photographie et fidèlement reproduits par la gravure.

R. L.

« M. Balard aimait à prouver, dans ses cours, qu'on peut faire de la chimie partout, avec tous les moyens, prenant à la lettre l'axiome de Franklin qu'un bon ouvrier doit savoir limer avec une scie et scier avec une lime. Le luxe des laboratoires lui répugnait, les appareils coûteux lui paraissaient trop aristocratiques; il voulait la science accessible à tous et les moyens de démonstration ou de recherche à la portée des plus deshérités; se souvenant des luttes de sa jeunesse, il montrait comment on brave, comment on tourne les difficultés. Les Facultés, les Écoles spéciales multiplient les laboratoires et mettent entre les mains des étudiants les appareils les plus parfaits pour leur apprendre à s'en servir : « Quant à moi, disait-il, je veux leur apprendre à s'en passer. — Leur esprit s'aiguise à cette lutte, au lieu de s'engourdir dans la jouissance d'un bien obtenu sans combat. » Il allait trop loin : l'obstacle excite, il est vrai, les natures d'élite ; mais il arrête et décourage le commun des hommes. Les études sérieuses seraient délaissées, si l'on cessait d'accommoder leurs moyens de démonstration aux intelligences ordinaires et aux volontés vacillantes. On ne peut donner à tous la pénétration et l'énergie qui créent; donnons au plus grand nombre au moins le savoir, qui élargit l'horizon, et le sentiment juste des choses de la nature, qui dissipe les erreurs.

« Les efforts de M. Balard ne seront pourtant pas restés stériles. A l'École professionnelle de Reims, qu'il est juste de signaler, on a réalisé, d'après ses idées, de petits laboratoires d'élèves, permettant à chacun d'eux, avec la plus faible dépense, de reproduire et d'étudier les principaux phénomènes de la chimie usuelle.... »

(Éloge de M. Balard par M. Dumas, secrétaire perpétuel de
l'Académie des sciences, 10 mars 1879.)

Le lecteur trouvera, dans ce qui va suivre, le détail des manipulations qu'exécutent les élèves de l'*École professionnelle de Reims,* pendant les deux premières années d'études.

MANIPULATIONS DE CHIMIE

CHAPITRE Ier

MÉTALLOÏDES

OXYGÈNE : O = 8.   AZOTE : Az = 14

1. Préparation de l'oxygène. — Un mélange de 10 grammes de chlorate de potasse et de 10 grammes de bioxyde de manganèse est introduit dans un ballon auquel on adapte un bouchon traversé par un tube coudé. On chauffe, un gaz se dégage ; il est en grande partie formé de l'air du ballon que la chaleur a dilaté ; puis il passe de l'oxygène à peu près pur : une allumette ne présentant plus qu'un point rouge, se rallume si on l'approche de l'extrémité du tube à dégagement (*fig.* 1).

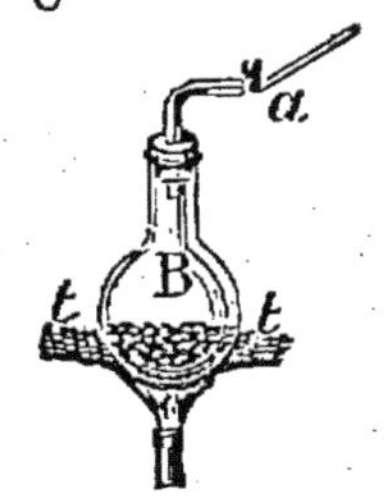

Fig. 1. — **Préparation de l'oxygène.**

B, ballon contenant le mélange de KO ClO³+MnO².
t, toile métallique modérant l'effet de la chaleur.
a, allumette qui se rallume.

La plupart des expériences qui vont être décrites se font au moyen d'appareils en verre qu'il faut souvent chauffer. Tout changement trop brusque dans la température du verre en amène la rupture ; il faut chauffer peu à peu et graduellement, c'est-à-dire avec peu de feu au début.

On diminue beaucoup les chances de casse en plaçant entre l'objet de verre et la flamme une toile métallique.

2. On recueille l'oxygène qui se dégage dans des éprouvettes ou des flacons, en employant la disposition donnée par la figure 2. L'éprouvette ou le flacon destiné à contenir l'oxygène est préalablement rempli d'eau, fermé ensuite par une petite plaque de verre ou un carré de papier et retourné, l'ouverture en bas, sur une terrine pleine d'eau.

Fig. 2. — L'oxygène est recueilli dans l'éprouvette E, où il arrive par le tube abducteur *t*.

Dix grammes de chlorate de potasse donnent plus de deux litres d'oxygène. L'oxyde de manganèse ne se décompose pas à la température de l'expérience, et son emploi n'est pas indispensable, mais il empêche le chlorate de fondre et rend le dégagement plus rapide et plus régulier. Lorsque le dégagement d'oxygène se ralentit, avant d'éteindre le feu, on retire de l'eau le tube abducteur, car, par l'abaissement de température, le gaz contenu dans le ballon diminue de volume ; la pression atmosphérique continuant à s'exercer sur l'eau, celle-ci viendrait combler le vide du ballon qui serait brisé, à cause de la différence de sa température et de celle de l'eau.

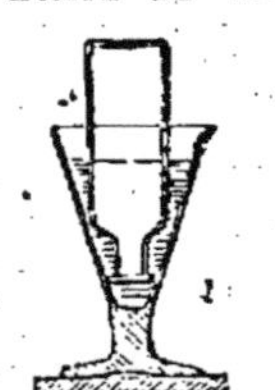

Fig. 3. — Conservation des gaz.

3. Gazomètre. — Pour conserver le gaz obtenu, on renverse les flacons qui en sont remplis dans des verres pleins d'eau (*fig.* 3).

On peut recueillir et conserver les gaz dans des flacons plus grands (1 litre ou plus) sans les retourner sur l'eau. Le flacon est fermé par un bouchon traversé de deux tubes : l'un, droit, plonge au fond du flacon ; l'autre, coudé, ne dépasse pas le bouchon. On remplit d'eau le flacon en aspirant par le second tube *t*, le premier *t'* étant relié à un troisième *t''* plongeant dans l'eau ; ou bien on ajuste au premier un entonnoir par lequel on verse de l'eau ; l'air du flacon s'échappe par le tube coudé *t*. Ce dernier

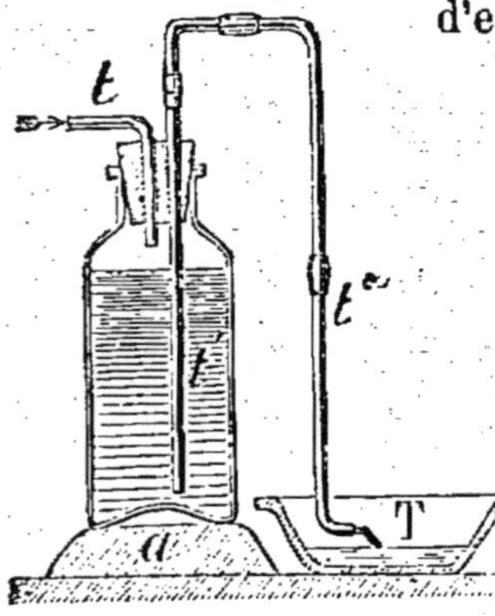

Fig. 4. — Gazomètre.

Le gaz arrive par le tube *t*. L'eau du flacon servant de gazomètre s'écoule par le siphon *t't''* dans la terrine T, d'où on l'enlève à mesure de son écoulement.
a assiette retournée relevant le flacon.

étant ensuite mis en communication avec le ballon producteur d'oxygène, ce gaz chassera l'eau par l'autre tube et
remplira le flacon (*fig.* 4).

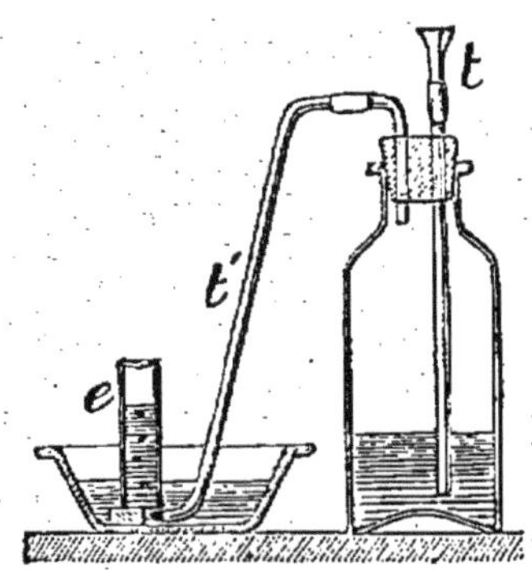

Fig. 5. — **Gazomètre**
disposé pour en extraire le gaz qui
s'y trouve contenu. On verse de
l'eau par le tube *t*, le gaz s'échappe
par *t'* et vient dans l'éprouvette *e*.

Pour clore le petit gazomètre ainsi
rempli, on ferme chaque tube par
un bout d'agitateur, ou bien l'on
réunit les caoutchoucs des deux tubes
par un petit tube coudé.

Pour prendre de l'oxygène dans
cet appareil, on le dispose comme il
est indiqué *figure* 5.

4. Combustions. — Au bout d'un
fil de fer, on fixe un morceau de
charbon que l'on allume ; on le
plonge ensuite dans un flacon plein
d'oxygène (*fig.* 6). Le charbon brûle
vivement, puis s'éteint quand l'oxygène manque ; ce dernier gaz est
remplacé par l'acide carbonique, ce que l'on constate au moyen
du tournesol qui prend la couleur rouge vineux, et de l'eau de
chaux qui se trouble. Pour préparer
de l'eau de chaux, on trempe dans
l'eau un morceau de chaux et on le
retire une minute après ; il se délite
bientôt et donne de la chaux éteinte
en poudre CaO,HO, au lieu de CaO
(chaux vive) que l'on avait tout
d'abord.

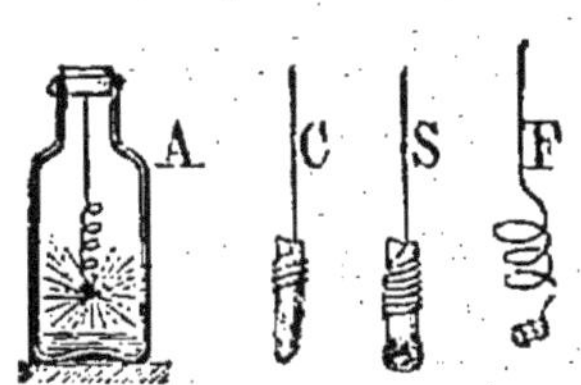

Fig. 6. — **Combustions dans
l'oxygène.**

A, fer brûlant dans l'oxygène.
C, disposition du charbon.
S,   —   du copeau soufré.
F,   —   du fer pour être brûlé.

Cette chaux se dissout dans l'eau
à raison de 2 grammes environ pour
un litre d'eau ; la solution claire, filtrée
ou décantée, est de l'eau de chaux. Si l'on en verse dans le
flacon qui a servi à l'expérience précédente, elle se trouble par
l'agitation, et le doigt qui fermait le flacon est poussé de l'extérieur vers l'intérieur.

L'acide carbonique s'est combiné à la chaux qui l'a absorbé,
de là le vide ; il s'est formé du carbonate de chaux CaO,CO^2
insoluble, de là le trouble.

5. En remplaçant le charbon de l'expérience 4 par un petit
morceau de bois trempé dans du soufre fondu, on obtient de
l'acide sulfureux qui rougit fortement le tournesol. L'eau de

chaux ne se trouble pas, le sulfite de chaux formé CaO,SO^2 étant suffisamment soluble. Si l'on opère sur un petit volume d'oxygène, on peut remplacer le charbon de l'expérience 4 par un morceau de bois, et le copeau soufré de l'expérience 5 par une allumette soufrée.

6. Autour d'un tube de verre ou d'un crayon, on enroule un fil de fer mince, de manière à former une hélice; à l'une des extrémités, on fixe un petit morceau d'amadou ou de liège qu'on allume; puis on plonge rapidement le tout dans un flacon rempli d'oxygène. La chaleur due à la combustion de l'amadou ou du liège rougit le fer qui brûle à son tour, en projetant de vives étincelles. Du fil se détachent des globules de fer en fusion, à demi oxydés, qui s'incrustent au fond du flacon, malgré la couche d'eau de 1 ou 2 centimètres qu'on a eu soin d'y laisser (*fig.* 6). Il s'est formé une poussière de rouille (peroxyde de fer Fe^2O^3) insoluble dans l'eau, par conséquent sans action sur le tournesol.

7. **Transformation du chlorate de potasse.** — Le résidu du ballon de l'expérience 1 est repris par un peu d'eau, 20 gr. au plus pour 10 grammes de chlorate employé; on fait bouillir et l'on filtre.

Le filtrage a pour but de séparer la partie solide de la partie liquide. A cet effet on prend un carré de papier non collé, on le plie en quatre; on coupe les angles de manière que le papier déplié représente à peu près un cercle, et, ouvrant le cornet par un pli seulement, on le place dans un entonnoir. En versant sur ce filtre le liquide et les matières qu'il tient en suspension, la portion liquide passera seule à travers le papier à filtrer.

Si l'on veut filtrer rapidement, on emploie un filtre à plis (*fig.* 22). La feuille de papier est pliée en deux, puis en quatre, et divisée en seize plis égaux partant tous du centre et se ramassant en éventail.

En laissant reposer le liquide, la matière insoluble se rassemble au fond, et l'on peut enlever une grande partie du liquide clair par décantation.

Le résidu est formé du bioxyde de manganèse employé (on le met à part après l'avoir lavé et séché, il servira plus tard pour la préparation du chlore); le liquide qui passe au filtre est concentré par évaporation; en refroidissant, il laisse déposer des cristaux cubiques de chlorure de potassium, KCl. Le chlorate était cristallisé en lames : la chaleur lui a fait perdre son oxygène, il a subi une modification que la nouvelle forme cristalline indique.

Voici ce qui s'est passé :

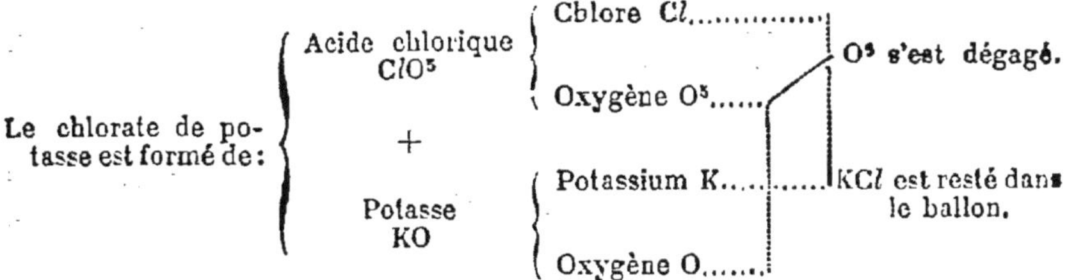

La réaction s'écrit ainsi : $KO,ClO^5 = KCl + O^6$.

8. **Azote.** — **Air atmosphérique.** — On fait passer de l'air sur du cuivre porté au rouge, l'oxygène est absorbé ; le gaz qui reste n'est ni comburant, ni combustible, c'est l'azote. Il n'a d'action ni sur le tournesol, ni sur l'eau de chaux.

Pour trouver le rapport entre les volumes des deux gaz constituant l'air, on place du cuivre dans un tube de métal ou de verre communiquant d'un côté au gazomètre plein d'air, de l'autre à un tube abducteur (*fig. 7*). Si le premier tube est en verre on le chauffe graduellement, de manière à en éviter la rupture ; on chauffe d'abord en promenant la flamme tout le long du tube, puis en la laissant fixe quelque temps en différents endroits.

On place sur la cuve à eau un flacon qui doit recueillir l'azote. Ensuite on fait passer l'air sur le cuivre, en versant de l'eau dans l'entonnoir d'une manière continue, afin de ne pas entraîner de bulles d'air, ce qui fausserait le résultat final.

Pour que l'arrivée de l'air sur le cuivre soit lente et régulière, on obstrue partiellement le fond de l'entonnoir par un fragment de bois ou de papier.

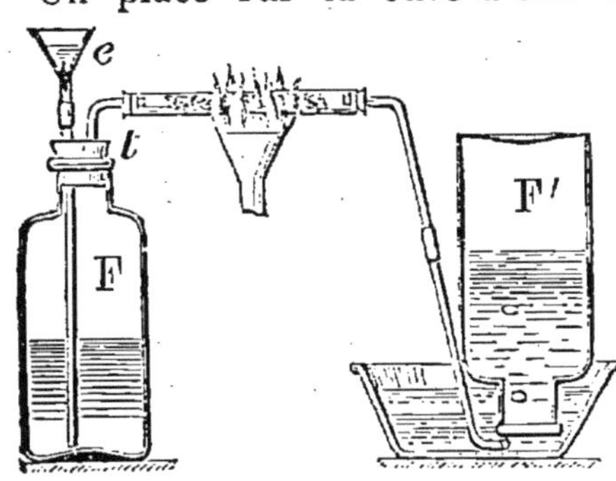

Fig. 7. — **Préparation de l'azote par le cuivre.**

F, flacon renfermant l'air qu'on fait passer en *t* sur le cuivre chauffé, en versant de l'eau dans l'entonnoir *e* ; F' reçoit l'azote.

Lorsque le gazomètre est plein d'eau, le volume d'azote recueilli est les $\frac{4}{5}$ de l'air employé ; le $\frac{1}{5}$ manquant représente l'oxygène fixé sur le cuivre qui en s'oxydant est devenu noir. Au commencement de l'expérience, le cuivre prend une couleur irisée (couleur des lames minces). L'air est donc formé d'environ 1 volume d'oxygène *mélangé* à 4 volumes d'azote ; la proportion exacte est de 20,8 d'oxygène et de 79,2 d'azote.

9. Acide carbonique de l'air. — L'air contient un peu d'acide carbonique, un demi-millième environ. Pour s'en convaincre, il suffit de faire passer de l'air dans de l'eau de chaux. On ferme une éprouvette contenant de l'eau de chaux par un bouchon traversé de deux tubes ; l'un plonge dans l'eau de chaux, on aspire par l'autre (*fig.* 8) ; un trouble, se manifeste, dû au carbonate de chaux formé.

Fig. 8. — **Acide carbonique de l'air.**

E, éprouvette contenant de l'eau de chaux.

a, tube par lequel on aspire; l'air entre par le tube plongeant b.

En soufflant par le tube *b* de cet appareil, l'eau de chaux se trouble beaucoup plus vite qu'en aspirant par *a* ; l'air expiré contient une forte proportion d'acide carbonique ; un homme en fournit environ 18 litres à l'heure.

HYDROGÈNE : H = 1.

10. Préparation. — A de l'eau on ajoute du fer ou du zinc, on verse de l'acide sulfurique ou chlorhydrique : le métal se dissout, et il se dégage un gaz inflammable ; c'est de l'hydrogène (*fig.* 9). Celui obtenu au moyen du fer a une odeur désagréable due au silicium accompagnant le fer, et formant avec l'hydrogène une combinaison gazeuse, l'hydrogène silicié.

Fig. 9. — **Préparation et inflammation de l'hydrogène.**

E, éprouvette contenant du fer, de l'eau et de l'acide sulfurique.

a, allumette enflammant le gaz dégagé.

11. En faisant passer de la vapeur d'eau sur du fer chauffé au rouge, il se forme de l'oxyde de fer, et il se dégage de l'hydrogène.

Dans un tube métallique disposé comme l'indique la *figure* 10, plaçons du fer en fragments (fils, paille ou tournure de fer) ; chauffons le tube au rouge, et l'eau du ballon de manière à atteindre à peine l'ébullition, nous obtiendrons de l'hydrogène dans l'éprouvette retournée sur la cuve à eau.

L'expérience peut se faire au moyen d'un tube de verre,

mais presque toujours celui-ci est brisé. Il convient d'employer un tube métallique en fer ou même en laiton ; si le tube est court comme celui de la figure, les bouchons brûlent, surtout avec le laiton. On empêche facilement cette carbonisation en mettant sur chaque bout du tube un fragment de papier buvard que l'on maintient humide pendant toute la durée de l'expérience.

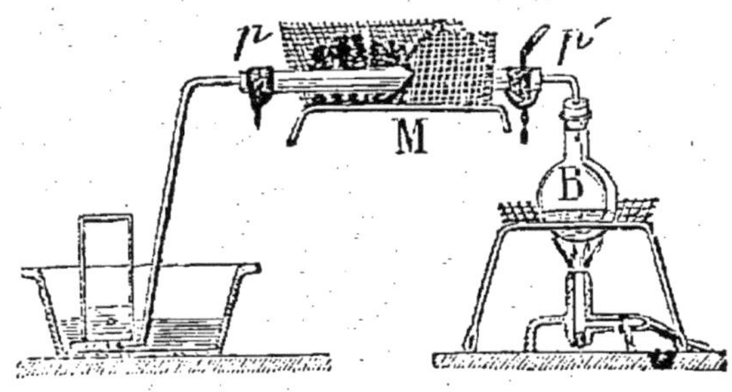

Fig. 10. — **Préparation de l'hydrogène par la vapeur d'eau.**

B, ballon producteur de la vapeur.
M, toile métallique supportée par un trépied, et contenant le tube métallique entouré de charbons allumés.
p, p', papier buvard maintenu humide pendant toute la durée de l'opération.
E, éprouvette où vient se dégager l'hydrogène produit.

deux fourneaux. On peut la simplifier en la disposant comme il est indiqué *figure* 11.

Cette expérience nécessite l'emploi de

L'équivalent de l'eau est 9. $(H = 1, O = 8)$ cela veut dire que dans 9 grammes d'eau il y a 1 gramme d'hydrogène ; ce gramme occuperait un volume de 11 litres, un litre d'hydrogène pesant moins de 1 décigramme. Il faudra donc décomposer peu d'eau pour produire une quantité relativement grande d'hydrogène.

Une goutte d'eau entrant en t' dans le tube de métal se

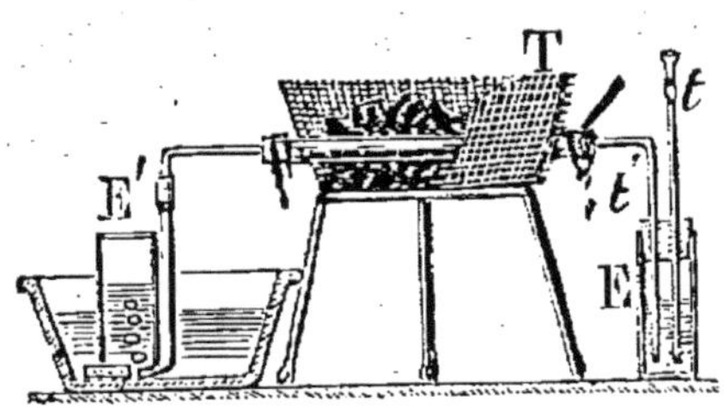

Fig. 11. — **Préparation de l'hydrogène par la vapeur d'eau.**

En versant de l'eau en t dans l'éprouvette E, il en arrive quelques gouttes par t' dans le tube métallique T, porté au rouge ainsi que la paille de fer qu'il renferme.
Il se produit une oscillation rapide des niveaux en t et t' par suite de la condensation d'une partie de la vapeur.
L'hydrogène est recueilli en E'.

réduit en vapeur, et tend à se dégager en E' si la hauteur d'eau, dans la terrine, est inférieure à celle du tube t ; cette vapeur rencontre le fer chauffé au rouge et se décompose. Il suffit, pour continuer l'expérience, de faire pénétrer par t' une nouvelle goutte d'eau ; on y parvient en versant un peu d'eau par le tube à entonnoir t.

12. Propriétés. — Mettons dans un flacon disposé comme le gazomètre (*fig.* 12), un demi-décilitre d'eau, 15 grammes de fer ou de zinc, et versons peu à peu de 15 à 20 grammes d'acide sulfurique.

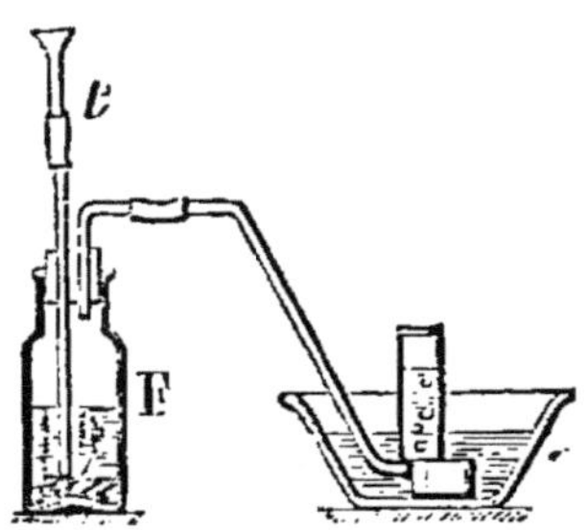

Fig. 12. — **Préparation de l'hydrogène.**

F, flacon contenant l'eau et le métal.

t, tube à entonnoir par lequel on verse l'acide.

$Zn = 33$; $SO^3,HO = 49$, ce qui signifie que 33 grammes de zinc seront dissous par 49 grammes d'acide sulfurique ; il faudra de l'eau pour dissoudre le sulfate formé, et il se dégagera 1 gramme d'hydrogène.

Réaction :

$$Zn + HO,SO^3 + nHO = H + ZnO,SO^3 + nHO.$$

Avec 10 grammes de zinc, nous obtiendrons $\frac{1}{3}$ de gramme d'hydrogène, soit un peu plus de 3 litres si la réaction est complète.

En mettant le feu à la première éprouvette de gaz obtenue, il y a une petite détonation, l'hydrogène est mêlé à l'air que contenait le flacon. Quand cet air est expulsé, l'hydrogène brûle, avec une flamme très pâle, sans détonation ; on peut alors, sans danger, l'enflammer à la sortie du tube de dégagement.

En enflammant l'hydrogène recueilli dans un flacon (*fig.* 13),

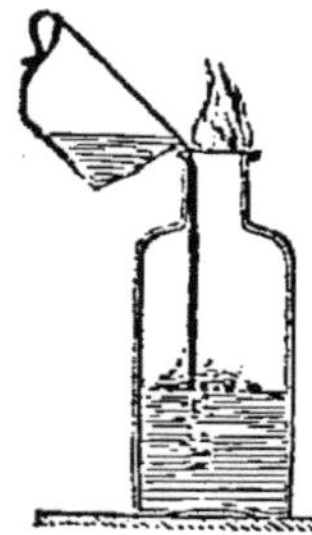

Fig 13. — **Combustion à l'air de l'hydrogène ou du gaz d'éclairage.**

la flamme ne descend pas jusqu'au fond du flacon, et tout l'hydrogène n'est pas brûlé ; l'oxygène manque. Si l'on verse de l'eau dans le flacon, après avoir allumé l'hydrogène, l'eau n'éteindra pas la flamme, elle l'activera au contraire, en chassant le gaz hors du flacon, au contact de l'air. La même expérience peut être faite avec le gaz de l'éclairage.

13. Si l'on remplit une éprouvette de $\frac{1}{3}$ d'oxygène et de $\frac{2}{3}$ d'hydrogène, on a un mélange détonant. Cette éprouvette étant sur la cuve à eau, on la soulève légèrement en l'inclinant de manière à l'ouvrir un peu au dehors ; on approche un corps enflammé, il y a détonation (*fig.* 14). Si, au même moment, on enfonce l'éprouvette dans l'eau, celle-ci monte et

remplit complètement l'éprouvette. Il s'est formé de la vapeur d'eau qui s'est condensée.

En mettant, dans un flacon disposé en gazomètre, un mélange d'oxygène et d'hydrogène dans les proportions indiquées, on peut faire dégager le mélange dans une petite coupelle de terre contenant de l'eau de savon. Il se forme une mousse plus ou moins haute à laquelle on peut sans danger mettre le feu, lorsque tout le mélange est sorti du gazomètre, ou lorsqu'on a enlevé ce dernier. Un volume de bulles de quelques décilitres donne une détonation plus bruyante qu'un coup de pistolet.

Fig. 14. —Mélange détonant.

14. L'hydrogène est plus léger que l'air; en trempant l'extrémité d'un tube par lequel arrive de l'hydrogène, dans de l'eau de savon, il s'y attache une goutte de liquide, puis en le retirant de l'eau, il se forme des bulles qui se détachent du tube et s'élèvent dans l'air (*fig. 15*). Les bulles obtenues sont d'autant plus grosses que l'extrémité du tube où elles se forment est plus large. On peut faire la même expérience avec le gaz d'éclairage.

Fig. 15. — Bulles de savon gonflées à l'hydrogène ou au gaz d'éclairage.

15. Flamme éclairante. — En remplaçant le tube abducteur de l'appareil à hydrogène par un tube coudé dont l'une des extrémités a été effilée et en enflammant le gaz, on a l'ancienne lampe philosophique.

Au moment de l'allumage, l'hydrogène brûle avec une flamme très pâle; bientôt cette flamme devient jaune parce que le verre fond partiellement et abandonne des traces de la soude dont il est formé. En projetant dans la flamme de la poussière de chaux ou de craie (en agitant, par exemple, à côté de la flamme l'éponge du tableau noir), la couleur de la flamme devient orangée.

Une goutte d'essence, de pétrole ou de benzine, versée dans le flacon se volatilise; la vapeur se mêle à l'hydrogène, et comme elle est formée d'hydrogène et de carbone, celui-ci est porté au rouge blanc, et la flamme devient éclairante. Le charbon, moins combustible que l'hydrogène, brûle le dernier; en refroidissant la flamme par l'interposition d'un corps froid, une pièce de monnaie par exemple, on empêche sa combustion, et on le recueille à l'état de noir de fumée.

16. Production de l'eau. — L'hydrogène eu brûlant donne de la vapeur d'eau (*fig.* 16). Si l'on prolonge l'expérience, le verre s'échauffe, et la buée, se vaporisant à nouveau, disparaît. La vapeur d'eau est un gaz incolore, elle ne devient visible que lorsqu'une partie est revenue à l'état liquide (brouillard).

Fig. 16. — L'hydrogène en brûlant donne de la vapeur d'eau.

17. Résidu de la préparation. — Le résidu de la préparation de l'hydrogène est souvent acide, surtout lorsque le métal est complètement dissous ; on le rend neutre en y ajoutant à nouveau du métal, et en faisant bouillir dans un ballon ; la réaction s'achève, et la solution se concentre. Le liquide chaud occupant un volume d'environ un demi-décilitre, pour 10 gr. de métal dissous, est filtré, et le liquide clair est abandonné dans une assiette ou un verre. Des cristaux se forment, on les sépare, un jour ou deux après par décantation, et on les fait égoutter et sécher en les plaçant dans un entonnoir (*fig.* 17).

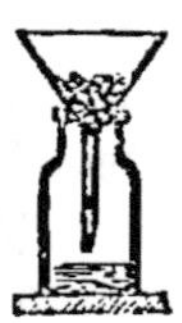

Fig. 17. — Dessiccation des cristaux obtenus.

Le liquide restant (eau mère) peut être concentré à nouveau par évaporation, il se formera encore des cristaux. Le sel obtenu est du sulfate de zinc (vitriol blanc) ou du sulfate de fer (vitriol vert), selon le cas, quand on a employé l'acide sulfurique. La formule représentant la composition de ces cristaux est :

$$ZnO,SO^3 + 7HO$$
$$\text{ou} \qquad FeO,SO^3 + 7HO,$$

c'est-à-dire qu'ils contiennent 7 équivalents d'eau de cristallisation. Si l'on chauffe ces cristaux au voisinage du rouge, ils perdent toute cette eau et en même temps leur forme cristalline ; on a une poudre blanche de sulfate anhydre dont la composition est représentée par

$$ZnO,SO^3 \qquad \text{ou} \qquad FeO,SO^3.$$

Si l'on a employé l'acide chlorhydrique, la cristallisation se fait difficilement, surtout pour le chlorure de zinc $ZnCl$ qui,

en perdant son eau d'hydratation, prend une consistance butyreuse, ce qui lui a fait donner le nom de *beurre de zinc.*

Au lieu de neutraliser la solution primitive de sulfate par
du métal, on peut y ajouter de la potasse ou de l'ammoniaque,
il se forme un sel double. Le sulfate ferreux, $FeO,SO^3 + 7HO$,
se peroxyde à l'air, le sulfate de fer ammoniacal se conserve
beaucoup mieux. On est averti que la quantité d'alcali ajouté
pour la neutralisation est suffisante, quand il se forme un *précipité,* c'est-à-dire quand il apparaît, dans le liquide clair, un
corps solide qui tombe (se précipite) peu à peu au fond du
vase.

CHARBON : C = 6.

18. Préparation. — En recouvrant peu à peu d'un tube à
essai un morceau de bois allumé par un bout, on voit le bois
brûler avec flamme à l'extérieur, et laisser un résidu de charbon à l'intérieur du tube (*fig.* 18).

Ce tube se remplit de fumées qui se condensent facilement
en petites gouttelettes ayant une odeur
d'empyreume, et formé d'eau, de vinaigre, d'esprit et de goudron de bois. Il
s'est formé en même temps du gaz d'é-
clairage ; c'est sa combustion qui a
produit la flamme. Si l'on avait laissé
arriver en excès l'oxygène de l'air, le

Fig. 18. — **Production**
du charbon de bois.

charbon formé dans le tube aurait brûlé à son tour, il se serait
formé de l'acide carbonique et un léger résidu de cendres.

19. La flamme du gaz peut se produire ailleurs qu'au contact du bois, et à une grande distance
de celui-ci, si on le chauffe en vase clos.
On met, dans le tube à essai, du bois en
menus fragments (copeaux ou sciures);
la *figure* 19 indique la disposition de
l'expérience. Le tube à essai est placé
dans une toile métallique repliée où l'on
a mis du charbon; cette toile est mise
sur un fourneau à charbon ou à gaz.
On allume le charbon peu à peu, puis
on active la combustion en soufflant
avec un tube de verre.

Fig. 19. — **Distillation du
bois.**

Un tube contenant de la sciure
de bois est placé dans des
charbons allumés, il se produit du gaz qu'on enflamme
à sa sortie par le tube ef-
filé *b.*

Les vapeurs qui se dégagent tout d'abord sont peu combustibles ; elles ont une odeur empyreumatique due à l'esprit

(alcool), au vinaigre et au goudron de bois entraînés avec la vapeur d'eau. Peu à peu le dégagement de la vapeur d'eau cesse, la température continuant à s'élever, le gaz d'éclairage se produit ; on peut l'enflammer à son arrivée dans l'air, à l'extrémité du tube à dégagement.

Quand le gaz cesse de se dégager, il reste dans le tube du charbon de bois; et contre les parois qu'on a le moins fortement chauffées, quelques gouttelettes roussâtres de goudron.

20. Coke. — Si dans l'expérience précédente, on remplace le bois par de la houille, au lieu de charbon de bois, on obtient du coke.

Voici une autre disposition de l'expérience.

Le tube métallique de l'expérience 11 est disposé comme l'indique la *figure* 20, après avoir été à demi rempli de houille. L'une des extrémités plonge dans l'eau par un tube coudé, ou est fermée par un bouchon plein ; l'autre extrémité est mise en relation avec un flacon contenant un peu d'eau destinée à condenser les vapeurs solubles et le goudron entraîné. Un tube abducteur permet de recueillir le gaz. Il est incolore et brûle avec une flamme semblable à celle de l'hydrogène; mais beaucoup plus éclairante ; il est composé, comme celui obtenu avec le bois, d'hydrogène combiné au carbone (hydrogène carboné). 5 grammes de houille peuvent donner un litre de gaz, si la distillation est faite à la température du rouge et complète, comme cela a lieu dans les usines à gaz. On laissera dans le tube le coke obtenu, il conviendra très bien pour l'expérience 30.

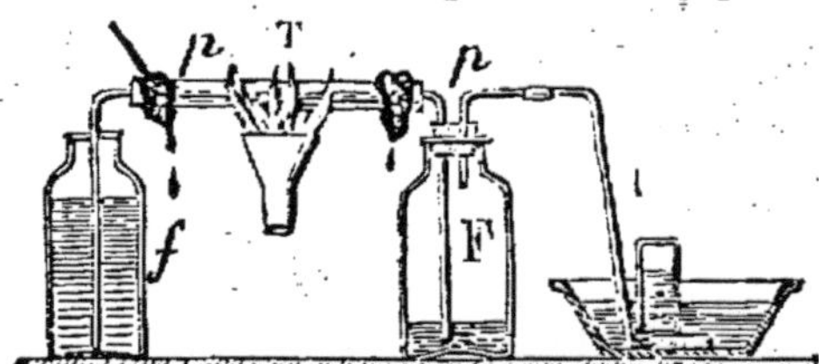

Fig. 20. — **Préparation du gaz de houille.**

T, tube métallique contenant la houille ;
p, papier buvard, maintenu humide pendant la durée de l'expérience;
F, flacon laveur où s'arrête le goudron ;
f, sert de support et un peu de gaz s'y dégage, si T s'obstrue.

Le tube qui contient la houille dans cette expérience peut être remplacé par une pipe de terre; on remplit le fourneau de fragments de houille; on le ferme par un petit tampon de terre glaise et on laisse sécher; si l'on chauffe ensuite au rouge, le gaz d'éclairage se dégage par le tuyau de la pipe, et l'on peut l'enflammer.

21. Noir de fumée. — On l'obtient en brûlant incomplètement des matières résineuses ou goudronneuses.

Mettons dans une petite coupelle de terre (*fig.* 21) des fragments de bois ou de papier buvard et versons dessus quelques gouttes d'un hydrocarbure, pétrole, térébenthine, huile lourde, etc. ; mettons-y le feu et empêchons l'accès de l'air en glissant sur la coupelle un petit morceau de bois ou de brique, nous obtiendrons une flamme fumeuse. En mettant un corps froid au-dessus, un verre, un entonnoir retourné, une cuiller de fer, nous recueillerons du noir de fumée.

Fig. 21. — Production du noir de fumée.

Au moyen d'une lampe fumeuse, on peut préparer, de la même manière, le noir de lampe employé pour les peintures fines.

22. Noir animal. — En brûlant des os à l'air libre, la matière organique est détruite, et l'on obtient des os blancs formés de phosphate et de carbonate de chaux ; si l'on chauffe les os au rouge en vase clos, on obtient du noir animal formé d'os blancs plus $\frac{1}{10}$ environ de charbon et un peu d'azote. Les os peuvent être placés dans un creuset ou une marmite de fonte fermés de leur couvercle, on élève la température au voisinage du rouge ; les matières grasses des os sont transformées en gaz qui brûlent en s'échappant sous le couvercle, et en produits ammoniacaux. La combustion des gaz produits est incomplète ; aussi il se dégage au dehors, par la cheminée du foyer, une odeur extrêmement désagréable et bien connue, celle que répand un os tombé dans le réchaud allumé d'une cuisine.

Cette préparation peut se faire dans un poêle ordinaire.

En jetant les os dans le foyer, sans les enfermer dans un creuset ou une marmite, on obtient des os blancs.

23. Propriétés du charbon. — *Le charbon absorbe les couleurs.* — On mêle du vin à du charbon en poudre de manière à faire une pâte semi-fluide, on filtre ensuite ; le liquide filtré est incolore (*fig.* 22), il a perdu également son bouquet. L'expérience réussit surtout bien avec du noir animal qui contient moins de carbone, mais où celui-ci est plus divisé. C'est surtout le noir animal qui possède au plus haut degré les propriétés décolorantes et désinfectantes; il enlève aussi à l'eau ordinaire les sels terreux qui y sont dissous. Les eaux-de-vie de pomme de terre perdent leur mauvaise odeur, la bière en partie son amertume, par le contact avec du noir animal.

Fig. 22. — **Décoloration** du vin ou du tournesol par le charbon.

Le charbon absorbe les odeurs puisqu'il absorbe les gaz. En ajoutant à de l'eau ordinaire des parcelles de foie de soufre, l'eau se trouble et acquiert l'odeur d'œufs pourris; filtrée sur du charbon, elle devient claire et inodore.

24. Acide carbonique. -- Les différentes variétés de charbon donnent en brûlant de l'acide carbonique.

Plaçons au-dessus de charbon allumé un entonnoir communiquant à un gazomètre disposé en aspirateur. Les produits de la combustion viendront remplacer l'eau qui s'écoule; ils sont formés d'acide carbonique, d'azote résidu de l'air ayant servi, et d'un peu de vapeur d'eau. En recueillant ce mélange gazeux dans des éprouvettes, on constate, en y introduisant une allumette enflammée qu'il n'est ni comburant ni combustible; l'acide

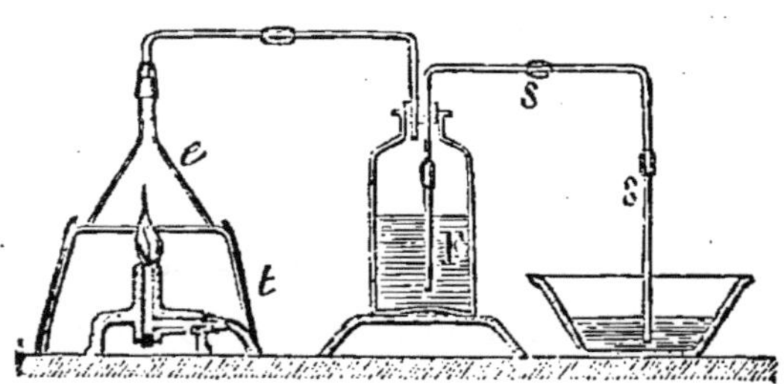

Fig. 23. — **Produits de combustion.**

F, flacon disposé en aspirateur; l'eau qu'il contient s'écoule par le syphon s, elle est remplacée par les gaz et vapeurs provenant de la combustion qui s'effectue sous l'entonnoir e.
t, trépied supportant l'entonnoir.

carbonique est caractérisé par l'eau de chaux et le tournesol.

On peut répéter l'expérience précédente en employant un fourneau à gaz *(fig.* 23), une bougie ou tout autre corps en combustion.

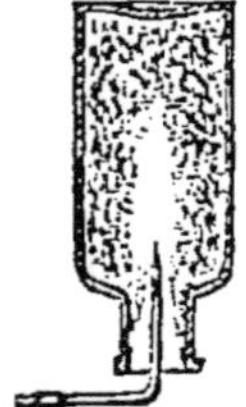

Fig. 24. — **Produits de combustion.**

Si sur une flamme on place un flacon vide renversé *(fig.* 24) de manière que les gaz chauds s'élèvent dans l'intérieur, la vapeur d'eau condensée rendra opaque les parois du flacon, et l'on pourra constater la présence de l'acide carbonique dans le flacon. La vapeur d'eau produite par la combustion se condense instantanément sur un corps froid introduit dans la flamme ; c'est pourquoi un vase froid se couvre de gouttelettes d'eau quand on le place au-dessus d'un bec de gaz ou d'une lampe à alcool pour le chauffer.

25. Préparation de l'acide carbonique par les carbonates. — Les pierres calcaires telles que la craie, le marbre, sont formées d'acide carbonique combiné à la chaux; elles peuvent servir ainsi que tous les carbonates à la préparation de l'acide carbonique. Il suffit de les mettre en contact avec un acide plus énergique que l'acide carbonique.

Dans un verre contenant de la craie, on verse de l'acide chlorhydrique étendu d'eau : il se produit une effervescence due au dégagement d'acide carbonique. Il se forme une mousse abondante qui souvent déborde.

Pour recueillir le gaz, on emploie un appareil semblable à celui qui a servi pour la préparation de l'hydrogène (*fig.* 25); on constate ses propriétés par les moyens déjà indiqués.

L'acide azotique, l'acide sulfurique peuvent remplacer l'acide chlorhydrique dans la préparation précédente. Avec l'acide sulfurique, le résidu de la préparation est trouble, parce que le sel produit (CaO,SO^3 plâtre) est peu soluble dans l'eau.

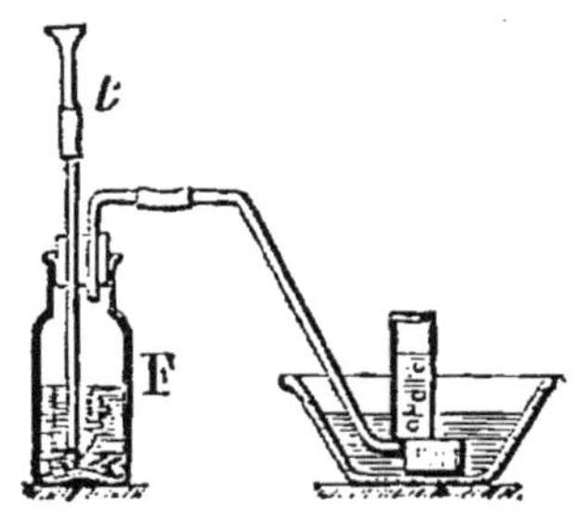

Fig. 25. — **Préparation de l'acide carbonique.**

F, flacon contenant la craie et l'eau.

t, ube à entonnoir par lequel on verse l'acide.

Réactions :

$$HO,AzO^5 + CaO,CO^2 = CaO,AzO^5 + HO + CO^2$$

Acide azotique.   Craie.   Azotate de chaux.   Eau.   Acide carbonique.

$$HCl + CaO,CO^2 = CaCl + HO + CO^2$$

Acide chlorhydrique.   Chlorure de calcium.

$$HO,SO^3 + CaO,CO^2 = CaO,SO^3 + HO + CO^2$$

Acide sulfurique.   Plâtre.

Si, à la solution d'azotate de chaux ou de chlorure de calcium, on ajoute de l'acide sulfurique, la liqueur devient trouble, il se forme du plâtre qui se précipite.

$$CaO,AzO^5 + HO,SO^3 = HO,AzO^5 + CaO,SO^3$$

Azotate de chaux.   Acide sulfurique.   Acide azotique.   Plâtre.

En chauffant de la craie au rouge, l'acide carbonique se dégage, et il reste de la chaux. L'opération se fait avec la plus grande facilité dans un poêle ordinaire.

26. Propriétés. — L'acide carbonique éteint les corps en

Fig. 26. — L'acide carbonique est asphyxiant et plus lourd que l'air.

combustion, il est asphyxiant. Sa densité est 22 fois ($CO^2 = 22$) supérieure à celle de l'hydrogène; un litre d'acide carbonique pèse 22 fois 9 centigrammes ou 1 gr. 98, environ 2 grammes. Il est donc plus lourd que l'air; une éprouvette d'acide carbonique versée sur une bougie ou une allumette enflammée l'éteint (*fig.* 26).

En faisant passer, au moyen d'un tube, l'air sortant des

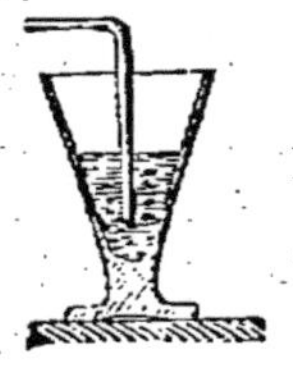

Fig. 27. — Acide carbonique de l'air expiré.

poumons à travers de l'eau de chaux non saturée, celle-ci se trouble, puis redevient claire si l'on continue l'expérience (*fig.* 27).

27. Solubilité de l'acide carbonique et des carbonates. — Lorsqu'on fait passer un courant d'acide carbonique dans l'eau de chaux non saturée, celle-ci, après s'être troublée, finit par redevenir claire. Un litre d'eau saturée d'acide carbonique dissout près de 1 gramme de carbonate de chaux.

En chauffant jusqu'à l'ébullition, la solution de carbonate ou

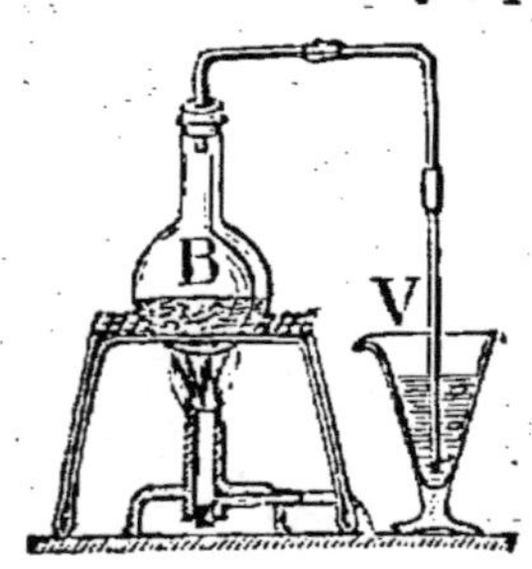

Fig. 28. — Décomposition des bicarbonates.

B, ballon contenant l'eau de chaux redevenue claire par CO^2;

V, verre contenant de l'eau de chaux ordinaire.

Les deux liquides se troublent.

de bicarbonate de chaux $CaO,HO,2CO^2$ (*fig.* 28), l'acide carbonique en excès se dégage, et le carbonate de chaux se précipite à nouveau; une partie s'attache aux parois du ballon.

Les dépôts incrustants qui se forment dans les vases où l'on a fait bouillir de l'eau calcaire, et ceux des carafes où à séjourné l'eau de même nature, ont une origine analogue; on les fait disparaître facilement en les dissolvant dans un acide, l'acide chlorhydrique, par exemple, ou le vinaigre (acide acétique).

L'acide carbonique facilite en général la dissolution des carbonates terreux, l'inverse a lieu pour les carbonates alcalins.

Faisons dissoudre, dans un demi-décilitre d'eau 10 grammes de sel de soude (NaO,CO^2) ou 50 grammes de cristaux de soude

(NaO,CO² + 10 HO), et filtrons si le liquide n'est pas limpide. En faisant passer un courant d'acide carbonique dans la solution, il se forme un précipité cristallin de bicarbonate de soude (NaO,HO,2CO²) ; celui-ci est donc moins soluble que le premier.

28. Eau acidule gazeuse. — En faisant passer pendant 10 minutes un courant d'acide carbonique dans un flacon (*fig.* 29), contenant de l'eau, celle-ci dissout un volume d'acide carbonique égal au sien ; elle acquiert une saveur agréable légèrement acidulée.

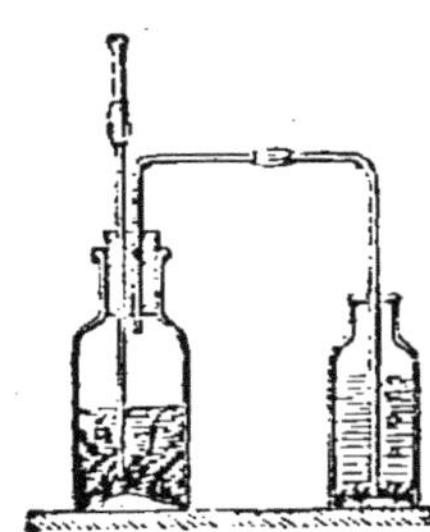

Fig. 29. — Eau gazeuse.

En fermant le flacon par un bouchon et en agitant, le bouchon saute.

En chauffant l'eau, on voit se former une infinité de petites bulles gazeuses qui viennent crever à la surface ; la solubilité d'un gaz diminue à mesure que la température s'élève, et devient nulle quand le liquide est en ébullition.

Si, au moyen d'une pompe, on comprimait l'acide carbonique, l'eau en dissoudrait autant de fois son volume qu'il y d'atmosphère de pression ; la solubilité d'un gaz augmente avec la pression.

Prenons le flacon de un décilitre rempli au $\frac{9}{10}$ d'eau saturée d'acide carbonique, et ajoutons un demi-gramme de bicarbonate de soude, puis quelques gouttes d'acide chlorhydrique ; fermons rapidement au moyen d'un bouchon que nous maintiendrons avec le doigt.

Le gaz se dissoudra en partie dans l'eau, le gaz non dissous se comprimera dans la partie vide du flacon, et si le bouchon cesse d'être maintenu, il sautera ; l'eau deviendra mousseuse par suite du dégagement du gaz dissous et s'échappera en partie du flacon. C'est la force élastique de l'acide carbonique qui fait sauter le bouchon d'une bouteille de limonade ou de vin de Champagne.

L'eau de l'expérience précédente ne contient plus d'acide chlorhydrique, mais du chlorure de sodium NaCl ou sel de cuisine, sel marin ; aussi elle a une légère saveur salée en partie masquée par celle du gaz dissous. Voici ce qui s'est passé entre le bicarbonate et l'acide chlorhydrique :

$$HCl + NaO,HO,2CO^2 =$$
$$NaCl + 2HO + 2CO^2$$

Sel. Eau. Acide carbonique.

Si l'on remplace l'acide chlorhydrique, dans cette expérience, par du jus de citron (acide citrique), l'eau obtenue est bonne et agréable à boire, quoique légèrement purgative.

29. Décomposition de l'acide carbonique de l'air par les feuilles. — Les plantes décomposent l'acide carbonique de l'air ; sous l'influence de la lumière solaire, les feuilles absorbent l'acide carbonique, s'assimilent le carbone et rendent l'oxygène à l'atmosphère.

En mettant dans le flacon disposé en gazomètre (*fig.* 5) ou dans celui de la figure 30, des feuilles vertes et fraîches, et en remplissant ensuite d'eau chargée d'acide carbonique, si l'on expose le tout au soleil, les feuilles se couvrent bientôt d'une grande quantité de bulles qui grossissent, se détachent, vont se réunir contre le bouchon du flacon et s'échappent par le tube abducteur ; on les recueille dans une petite éprouvette, quelques centimètres suffisent pour qu'on puisse les caractériser : c'est de l'oxygène.

Les animaux dépensent de l'oxygène et produisent de l'acide carbonique ; les végétaux dépensent de l'acide carbonique et produisent de l'oxygène, ils assainissent l'air.

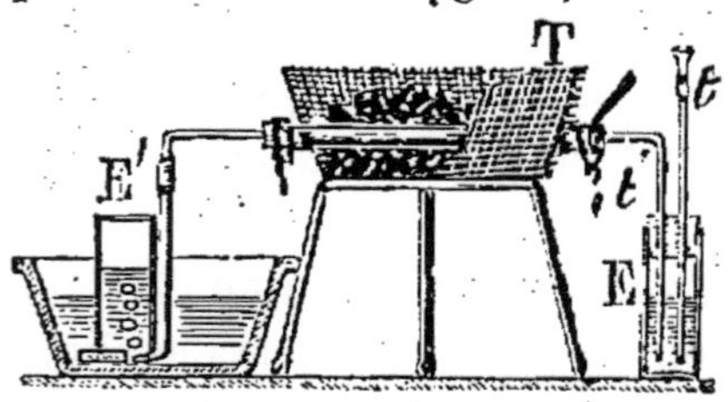

Fig. 30. — **Décomposition de la vapeur d'eau par le charbon.**

En versant de l'eau en *t* dans l'éprouvette **E**, il en arrive quelques gouttes par *t'* dans le tube métallique **T** porté au rouge ainsi que le charbon qu'il renferme.

Il se produit une oscillation rapide des niveaux en *t* et *t'* par suite de la condensation d'une partie de la vapeur.

Le mélange d'oxyde de carbone et d'hydrogène est recueilli en **E'**.

30. Oxyde de carbone. — Quand l'air arrivant dans un foyer où l'on brûle du charbon est en quantité insuffisante, au lieu d'acide carbonique CO^2, il se produit de l'oxyde de carbone CO, qui est non seulement asphyxiant, mais délétère.

Ce gaz brûle à l'air avec une flamme bleue que l'on a pu souvent remarquer sur un feu fraîchement recouvert de charbon ; le produit de la combustion est de l'acide carbonique : $CO + O = CO^2$.

On peut le préparer en faisant passer de la vapeur d'eau sur du charbon porté au rouge dans un tube métallique ; l'expérience se dispose comme celle de la préparation de l'hydrogène par la vapeur d'eau (*fig.* 30).

Outre l'oxyde de carbone, on obtient de l'hydrogène :

$$HO + C = CO + H.$$

On peut aussi le préparer en décomposant l'acide oxaliqu par l'acide sulfurique (128).

SOUFRE : S = 16

31. Propriétés du soufre. — C'est un corps solide, jaune, insoluble dans l'eau ; il fond vers 110 degrés.

Mettons dans un petit vase de terre (*fig.* 31), de 20 à 30 grammes de soufre et chauffons, la masse fond. En versant une partie du soufre fondu dans l'eau froide, le soufre se solidifie en grains jaunes qui, bien desséchés et remis dans le vase de terre, tombent au fond. Le soufre

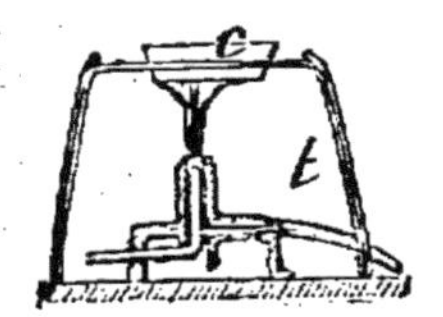

Fig. 31. — Fusion du soufre.

solide est plus lourd que le soufre liquide ; il en est de même de presque tous les corps, la glace fait exception.

Continuons à chauffer, le soufre devient visqueux vers 300 degrés ; puis à 400 degrés, il est de nouveau liquide, il entre en ébullition, les vapeurs qui se dégagent s'enflamment avec la plus grande facilité et le feu se communique à la masse. Pour l'éteindre, on retire la coupelle, et l'on empêche l'arrivée de l'oxygène de l'air en couvrant d'un verre.

Versons un peu de soufre fondu vers 3 ou 400 degrés dans de l'eau froide, nous obtiendrons du *soufre mou* qui conserve pendant quelques heures son élasticité.

Laissons refroidir la coupelle ; le soufre redevient visqueux, puis liquide, sa température est alors d'environ 110 degrés. Versons le dans un verre ou un entonnoir dont on a bouché le fond avec un peu de papier (*fig.* 32), il se solidifie contre les parois, puis à la surface. En perçant

Fig. 32 — Cristallisation du soufre.

la croûte superficielle, on peut faire écouler la portion

2.

intérieure qui est encore fluide. Si l'on enlève ensuite cette croûte, on remarque que la partie solide affecte la forme de cristaux longs et prismatiques.

32. Acide sulfureux. — Le soufre en brûlant donne de l'acide sulfureux SO^2. Enflammons celui qui reste adhérent aux parois de la coupelle de l'expérience précédente, et recueillons les produits de la combustion comme nous l'avons fait pour le charbon(*fig.*23), nous obtiendrons dans le petit gazomètre un mélange d'acide sulfureux et d'azote.

Fig. 33. — Acide sulfureux.

Le soufre est brûlé dans une coupelle *c* placée sur une casserole C servant de support; le gaz sulfureux produit sous l'entonnoir F se rend dans un gazomètre G disposé en aspirateur.

t, trépied supportant l'entonnoir.

En versant dans une éprouvette remplie de ce mélange quelques gouttes de tournesol, celui-ci rougit fortement ; l'odeur suffit pour caractériser l'acide sulfureux.

33. Décomposition de l'acide sulfurique. — On a vu (12) que lorsqu'on attaque du fer ou du zinc par l'acide sulfurique, il se dégage de l'hydrogène. En considérant ce dernier comme un métal, on peut dire qu'il a été remplacé par le métal fer ou zinc ; au lieu de sulfate d'oxyde d'hydrogène SO^3,HO, on a du sulfate d'oxyde de fer ou de zinc. La substitution du métal à l'hydrogène n'a pas lieu si l'on emploie le cuivre, le plomb ou les métaux dits précieux; on dit que ces métaux ne décomposent pas l'eau en présence des acides. Si l'on chauffe, il y a cependant réaction chimique ; c'est l'acide qui est décomposé :

$$\begin{matrix} SO^3,HO \\ SO^3,HO \end{matrix} + Cu = CuO,SO^3 + 2HO + SO^2.$$

Acide sulfurique.   Cuivre.   Sulfate de cuivre.   Eau.   Acide sulfureux.

Une partie de son oxygène se porte sur le métal et donne de l'oxyde qui se combine à la moitié de l'acide employé, et il se dégage de l'acide sulfureux.

Mettons dans un petit ballon 10 grammes de cuivre et 40 grammes d'acide sulfurique; on n'ajoute pas d'eau. Chauffons graduellement et d'une manière continue, il se dégage de l'acide sulfureux. Malgré sa grande solubilité on le peut recueillir sur l'eau ; mais si la température du ballon s'abaisse,

il y a absorption, c'est-à-dire que l'eau de la cuvette monte
dans le ballon (*fig.* 34).

34. Blanchiment. — Pour éviter cette absorption, disposons un flacon vide à la suite du ballon, et mettons de l'eau

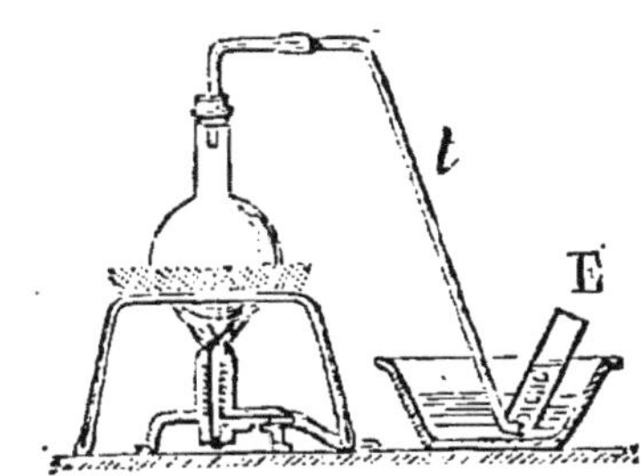

Fig. 34. — **Décomposition de l'acide
sulfurique par le cuivre.**

Le gaz qui arrive par *t* se dissout en grande partie
dans l'eau, d'autant moins qu'elle est plus chaude;
le reste est recueilli en E.

dans le flacon et le verre
qui suivent (*fig.* 35), nous
pourrons recueillir ainsi
de l'acide sulfureux gazeux
dans le premier flacon, et
une solution d'acide sulfureux dans le second; cette
solution sera saturée quand
l'eau du verre mis à la
suite laissera dégager de
l'acide sulfureux.

Le gaz sulfureux et sa
solution agissent sur le
tournesol de la même manière. Ils ont un pouvoir décolorant considérable : en mettant de la laine jaune préalablement rendue humide, dans le flacon A, lorsque celui-ci se
remplit de gaz sulfureux, la laine blanchit peu à peu; il en
aurait été de même en la lavant dans la solution obtenue

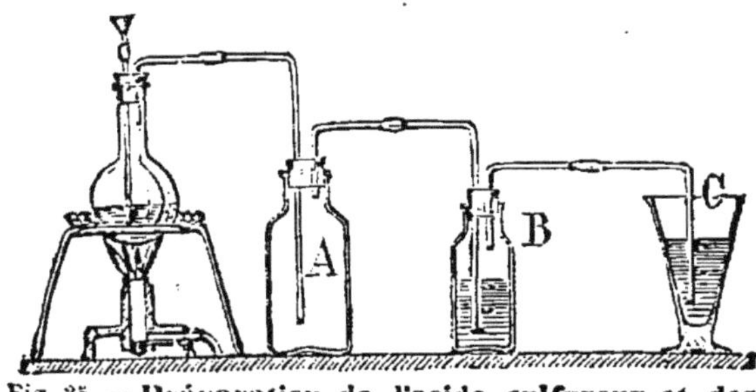

Fig. 35. — **Préparation de l'acide sulfureux et des
sulfites.**

Le flacon A est vide ; en B on met de l'eau ou une solution de
carbonate alcalin ; on obtient une solution d'acide sulfureux ou un sulfite alcalin, dans ce dernier cas CO_2 se dégage en C.
Le résidu du ballon est traité par l'eau, puis filtré; le liquide
bleu donne des cristaux de sulfate de cuivre.

d'acide sulfureux ;
cependant l'action
du gaz est plus
complète que celle
de sa solution.

La teinture de
campêche et sur-
tout le permanga-
nate de potasse (ca-
méléon minéral),
sont rapidement dé-
colorés par l'acide
sulfureux.

35. Antichlore. — Dans le flacon B de l'appareil précédent,
mettons un décilitre d'eau et 50 grammes de cristaux de
soude; faisons passer de l'acide sulfureux en excès; celui-ci
chassera l'acide carbonique, et il se formera du sulfite de

soude qu'on pourra faire cristalliser; c'est la substance appelée antichlore.

Voici la réaction :

$$NaO,CO^2 \ + \ SO^2 \ = \ NaO,SO^2 \ + \ CO^2$$

Carbonate de soude. Acide sulfureux. Sulfite de soude. Acide carbonique.

En traitant par de l'acide sulfurique ou chlorhydrique une dissolution de sulfite, l'acide sulfureux se dégage.

$$HCl \ + \ NaO,SO^2 \ = \ NaCl \ + \ HO \ + \ SO^2$$

Acide chlorhy- Sulfite de soude.   Sel   Eau.   Acide sulfureux.
drique.

On utilise cette réaction pour le blanchiment. Prenons un petit fragment de laine ou de flanelle jaune préalablement dégraissée par du savon et bien rincée ; trempons-la dans une dissolution de sulfite. Après un séjour de 10 minutes environ, lavons dans une eau acidulée par l'acide sulfurique ou chlorhydrique, nous la retirons blanche.

Le chlore est transformé en acide chlorhydrique par une solution de sulfite, de là le nom d'antichlore donné au sulfite, qui devient sulfate :

$$Cl \ + \ HO \ + \ NaO,SO^3 \ = \ HCl \ + \ NaO,SO^3$$

Chlore   Eau.   Sulfite de soude.   Acide chlorhy-   Sulfate de soude.
drique.

36. Acide sulfureux et acide carbonique. — En remplaçant, dans l'expérience 34, le cuivre du ballon par du charbon, on obtient, outre l'acide sulfureux, de l'acide carbonique.

$$\begin{matrix} HO,SO^3 \\ HO,SO^3 \end{matrix} \ + \ C \ = \ 2HO \ + \ 2SO^2 \ + \ CO^2$$

Acide sulfurique.   Charbon.   Eau.   Acide sulfureux. Acide carbonique.

37. Le soufre est comburant. — Le soufre qui est combustible est aussi comburant. En faisant bouillir du soufre dans un tube, si l'on y introduit un copeau mince de cuivre, il devient incandescent, et lorsqu'on le retire, il est transformé en une matière noire, le sulfure de cuivre CuS.

Le fer, comme le cuivre, peut se combiner au soufre, ainsi que la plupart des métaux. Chauffons dans un ballon 15 grammes de fer en limaille et 10 grammes de soufre ; il se produit une combustion vive d'où résulte du sulfure de fer FeS.

Le ballon est rarement brisé dans cette expérience, si l'on a soin de chauffer tout d'abord doucement de manière que la température s'élève graduellement et uniformément.

On fera disparaître du ballon le sulfure, en l'attaquant par un acide dans l'expérience 39.

38. Sulfuration par voie humide. — La combinaison des métaux et du soufre peut se faire sans qu'il soit besoin de chauffer ; au lieu d'une combustion vive, on a une combustion lente.

Des pièces de monnaie en cuivre ou en argent, une montre en argent, noircissent rapidement dans la poche d'un vêtement où l'on a mis des allumettes. L'or, le platine, l'aluminium ne se sulfurent pas.

L'humidité est nécessaire à la combinaison. Un mélange intime de 30 grammes de soufre pilé ou en fleur, et de 20 gr. de limaille de fer humecté de 20 grammes d'eau, placé dans un endroit chaud, ne tarde pas à noircir ; la température s'élève, et l'eau est vaporisée (volcan de Lémery). L'eau ne sert que d'intermédiaire et établit un contact plus intime entre le fer et le soufre.

Le sulfure formé s'attache avec une grande ténacité aux corps avec lesquels le mélange était en contact. On met à profit cette adhérence pour obtenir un mastic très solide employé lorsqu'on veut sceller le fer dans la pierre.

Le mélange de soufre, fer et eau peut néanmoins se faire, sans adhérence, dans un verre ou un entonnoir, où l'on a mis à l'avance un cornet de papier de la forme du vase.

39. Hydrogène sulfuré. — Mettons dans un flacon semblable à celui qui nous a servi à préparer l'hydrogène (*fig.* 36) du sulfure de fer obtenu comme il vient d'être dit ; ajoutons de l'eau, le tiers du flacon, puis une dizaine de grammes d'acide sulfurique ou de l'acide chlorhydrique : il se dégagera de l'hydrogène sulfuré HS, et il se formera du sulfate de fer ou du chlorure.

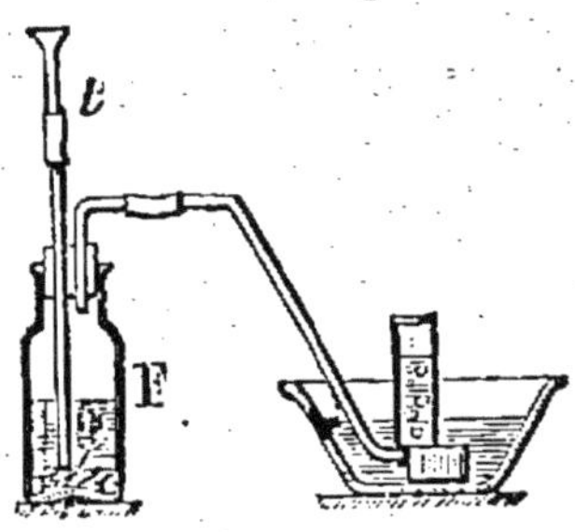

Fig. 36. — Préparation de l'hydrogène sulfuré.

F, flacon contenant l'eau et le sulfure de fer ;
t, tube à entonnoir par lequel on verse l'acide.

Voici la réaction :

$$FeS + HO,SO^3 = HS + FeO,SO^3.$$

On peut remplacer, le flacon générateur d'hydrogène sulfuré, par le ballon de l'expérience 37.

Le gaz qui se dégage est recueilli dans des éprouvettes ; il est combustible et donne en brûlant de la vapeur d'eau et de l'acide sulfureux :

$$HS + O^3 = HO + SO^2.$$

Il a une odeur extrêmement désagréable, celle des œufs pourris ; on le brûle à mesure qu'on le recueille. Du tournesol agité dans une éprouvette pleine de ce gaz devient rouge ; l'hydrogène sulfuré est acide, on l'appelle acide sulfhydrique.

40. Expériences avec l'hydrogène sulfuré. — En mettant le feu à une éprouvette remplie d'hydrogène sulfuré, la combustion est rarement complète. L'hydrogène brûle le premier, et il se forme un petit dépôt de soufre dans l'éprouvette. Ce dépôt est très appréciable si l'on répète plusieurs fois l'expérience avec la même éprouvette ; ou bien encore si l'on enflamme le gaz sulfuré à l'extrémité du tube à dégagement, et si l'on couvre la flamme d'une éprouvette ou d'un flacon à large ouverture, de manière à ne laisser arriver l'air que juste en quantité nécessaire pour que la flamme ne s'éteigne pas (*fig.* 37). La quantité d'oxygène suffisant seulement à la combustion de l'hydrogène, le soufre se dépose.

Fig. 37.— **Dépôt de soufre** par la combustion incomplète de l'hydrogène sulfuré.

L'hydrogène sulfuré forme avec l'air ou l'oxygène un mélange détonant ; il ne faut donc l'enflammer au bout du tube à dégagement que quand l'appareil producteur est privé d'air (12).

En faisant arriver l'hydrogène sulfuré dans un flacon (*fig.* 38) contenant de l'eau, celle-ci peut absorber deux ou trois fois son volume de gaz. En agitant le flacon, le doigt qui le ferme n'est point attiré vers l'intérieur, mais repoussé et une partie du gaz se dégage, ce que l'on reconnaît à l'odeur désagréable qui le caractérise.

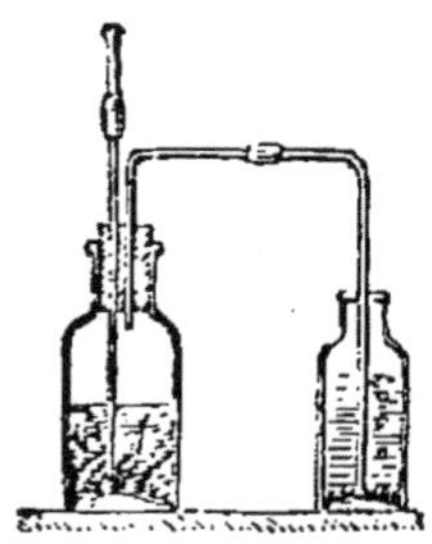

Fig. 38.— **Solution** d'hydrogène sulfuré.

Une lame de plomb, d'argent ou de cuivre, une pièce de monnaie, noircit quand on la plonge dans la solution précédente. Le métal s'empare du soufre en se sulfurant, et l'hydrogène est mis en liberté.

Une solution d'un sel soluble de ces métaux noircit également. Avec le fer ou un sel de fer, il n'y a aucune action. Ces réactions sont d'un emploi fréquent dans l'analyse chimique.

Introduisons dans un tube à essai une pincée de litharge PbO, dans un autre un peu de rouille ; ajoutons dans chaque tube de la solution d'hydrogène sulfuré. La litharge noircit aussitôt, il se fait entre les deux composés un échange que traduit la formule suivante :

$$PbO \ + \ HS \ = \ HO \ + \ PbS.$$

Oxyde de plomb.   Sulfure de plomb.

Il s'est formé du sulfure de plomb qui est noir, et l'eau a été désinfectée. Avec la rouille on n'a rien obtenu.

De petites quantités d'acide sulfhydrique suffisent pour noircir les métaux tels que le plomb, l'argent, le cuivre ou leurs sels ; les peintures au blanc de plomb se ternissent très vite, s'il y a dans le voisinage des émanations de gaz sulfuré.

On constate des traces de ce dernier au moyen de petites feuilles de papier buvard trempé dans une dissolution d'azotate ou d'acétate de plomb. En exposant une de ces feuilles dans le voisinage d'une bouche d'égoût ou près d'une fosse d'aisances, elle ne tarde pas à noircir ; il n'est pas nécessaire qu'elle soit humide.

Mettons au fond d'un flacon un petit fragment de sulfure de fer, et de l'eau acidulée par de l'acide sulfurique ou chlorhydrique. Introduisons ensuite dans le flacon une feuille de papier ordinaire sur laquelle nous aurons tracé des caractères avec une dissolution d'un sel de plomb ; ces caractères, invisibles au moment où on les a tracés, apparaîtront aussitôt.

ACIDE AZOTIQUE ET ACIDE SULFURIQUE

$$AzO^5,HO = 63 \qquad\qquad SO^3,HO = 49$$

41. Préparation de l'acide azotique. — L'acide sulfurique s'obtient en oxydant l'acide sulfureux au moyen de l'acide azotique. Étudions d'abord celui-ci.

On trouve l'acide azotique à l'état naturel, combiné à la potasse (salpêtre ou nitre) ou à la soude (salpêtre du Pérou).

En ajoutant à du salpêtre de l'acide sulfurique, celui-ci chasse l'acide azotique et se combine à l'alcali :

$$KO,AzO^5 + HO,SO^3 =$$
$$HO,AzO^5 + KO,SO^3.$$

La chaleur favorise la réaction et met en liberté l'acide azotique qui se volatilise et que l'on recueille dans un récipient froid.

On introduit dans une petite cornue 20 grammes de salpêtre et autant d'acide sulfurique ; on ne met pas d'eau. On laisse le col de la cornue relevé pendant quelques minutes pour que l'acide retenu s'écoule ; autrement il se mêlerait à l'acide azotique lors de la distillation de celui-ci.

Le col étant sec, on l'introduit dans un ballon placé dans l'eau froide. On met la cornue sur la toile métallique d'un fourneau, et l'on chauffe doucement ; on maintient le ballon froid en versant de temps en temps de l'eau froide sur le morceau de papier ou le chiffon qui le couvre (*fig.* 39). On voit les vapeurs de l'acide azotique se condenser dans le col de la cornue et s'écouler dans le ballon ; elles sont accompagnées de vapeurs rouges d'acide hypoazotique AzO^4 provenant de la décomposition d'un peu d'acide azotique ($AzO^5 = AzO^4 + O$).

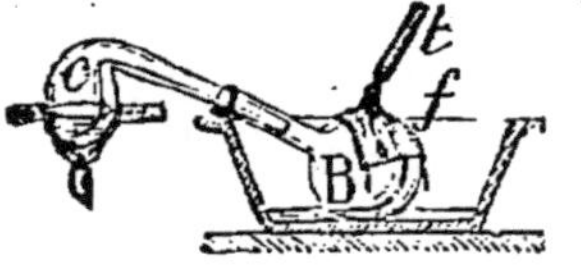

Fig. 39. — **Préparation de l'acide azotique.**

Les vapeurs qui se dégagent de la cornue c viennent se condenser dans le ballon B, recouvert de papier buvard *f* que l'on maintient froid, en laissant tomber de l'eau froide au moyen du tube *t*.

D'après la formule indiquée plus haut, 49 grammes d'acide sulfurique ($SO^3,HO = 49$) suffisent à la décomposition de 101 grammes de salpêtre ($KO,AzO^5 = 101$) ; mais on n'y arrive qu'en chauffant très fortement, alors une partie de l'acide azotique se décompose. Au lieu de 49 grammes d'acide sulfurique, on en prend le double ou 98 grammes (deux équivalents), c'est-à-dire poids égal, ou à peu près, d'acide et de salpêtre, ce que nous avons fait.

Voici comment on peut représenter la réaction :

$$\underbrace{\begin{matrix}SO^3,HO\\SO^3,HO\end{matrix}}_{\text{Acide sulfurique.}} + \underbrace{KO,AzO^5}_{\text{Salpêtre}} = \underbrace{\begin{matrix}SO^3,KO\\SO^3,HO\end{matrix}}_{\text{Bisulfate de potasse.}} + \underbrace{HO,AzO^5}_{\text{Acide azotique.}}$$

On obtient du bisulfate de potasse (c'est-à-dire un sulfate double de potassium et d'hydrogène), au lieu du sulfate neutre SO^3,KO trouvé dans la première formule.

Si au lieu d'azotate de potasse ($KO,AzO^5 = 101$) on prend de l'azotate de soude ($NaO,AzO^5 = 85$), il faudra un poids moindre de celui-ci que du premier, pour obtenir une même quantité d'acide azotique ; $AzO^5,HO = 63$, les formules signifient que pour obtenir 63 grammes d'acide azotique, il faut 101 grammes de salpêtre ou seulement 85 grammes d'azotate de soude.

L'acide azotique a souvent une teinte jaune due aux vapeurs rutilantes (AzO^4) qu'il a dissoutes ; on le *blanchit* industriellement en maintenant pendant quelques heures sa température à 80 ou 90 degrés : les vapeurs rouges se dégagent.

42. Expériences avec l'acide azotique. — L'acide azotique est l'un des acides les plus énergiques ; il attaque la plupart des métaux, quelques métalloïdes et les matières organiques.

Une goutte de cet acide dans un décilitre d'eau rend celle-ci sensiblement acide, ainsi qu'on s'en assure par le tournesol.

A 10 grammes de sel de soude préalablement dissous dans l'eau, ajoutons avec précaution et peu à peu, de l'acide azotique, il en faudra moins de 10 grammes; l'acide carbonique du sel de soude se dégagera avec effervescence et le liquide deviendra neutre au tournesol lorsque l'action sera terminée. En évaporant le liquide, on obtiendra des cristaux d'azotate de soude. L'acide azotique a été neutralisé par le carbonate de soude :

$$NaO,CO^2 + AzO^5,HO = HO + CO^2 + AzO^5,NaO.$$

La même expérience faite avec du carbonate de potasse donne de l'azotate de potasse ou salpêtre (nitre).

Si, au lieu de carbonate de soude ou de potasse, on emploie de l'ammoniaque ou alcali volatil (AzH^4,HO), préalablement étendu d'eau, l'évaporation du liquide, après neutralisation, donne des cristaux d'azotate d'ammoniaque ; on retire ces cristaux de l'eau-mère et on les fait égoutter en les placant dans un entonnoir (*fig.* 54).

Fig. 40. — Égouttage des cristaux.

Si nous mettons sur un charbon ardent quelques cristaux des azotates obtenus, l'acide azotique se dégage et se décompose ; l'oxygène active la combustion du charbon, il se produit de l'acide carbonique et des vapeurs rutilantes ; et les gaz, en se dégageant, font entendre un sifflement particulier : on dit que les azotates *fusent*.

Un morceau de charbon porté au rouge et approché le plus près possible de l'acide azotique, mais sans le toucher, brûle avec plus d'activité que dans l'air ; il se dégage en même temps des vapeurs rouges provenant de la décomposition de

Fig. 41. — Décomposition de l'acide azotique par le charbon.

l'acide azotique. Cette dernière expérience ne réussit bien qu'avec de l'acide azotique monohydraté AzO^5,HO, tel qu'il a été obtenu dans l'expérience 41 ; l'acide du commerce est moins concentré, c'est-à-dire contient plus d'eau ; aussi émet-il moins de vapeurs à l'air que l'acide monohydraté, qu'on nomme acide azotique fumant, parce que ses vapeurs forment une espèce de brouillard (fumée) avec la vapeur d'eau que contient toujours l'air atmosphérique.

L'acide azotique dissout la plupart des oxydes métalliques et donne naissance à des sels qui sont tous solubles dans l'eau. Cette propriété est souvent utilisée pour dissoudre la couche d'oxyde qui se forme à la surface des métaux (décapage).

Tous les métaux, moins l'or et le platine, sont attaqués par l'acide azotique ; le fer n'est pas attaqué par l'acide azotique monohydraté AzO^5,HO ; on dit dans ce cas que le fer est passif. Une partie de l'acide se décompose en fournissant au métal de l'oxygène pour en faire un oxyde ; celui-ci se combine à l'acide restant et forme un azotate.

Mettons au fond d'un tube à essai quelques fragments de cuivre et versons de l'acide azotique étendu de son volume d'eau afin que la réaction soit moins vive ; nous verrons se dégager des vapeurs rouges (AzO^4) et le liquide prendra une teinte d'un bleu vert, due à l'azotate de cuivre formé. Si l'on examine bien le gaz qui se dégage, on

Fig. 42. — Attaque d'un métal par l'acide azotique.

remarque qu'il n'est rouge que lorsqu'il arrive en contact avec l'air; lorsque le dégagement s'est déjà produit, on voit en effet qu'il n'est rouge qu'au bout du tube; au contact du liquide, il est incolore (44).

Les matières organiques telles que la laine, les plumes, le bois sont oxydées et décomposées par l'acide azotique.

Mettons un gramme d'acide azotique dans 50 grammes d'eau et faisons bouillir, après avoir ajouté quelques fils ou flocons de laine ou de soie blanche, nous les teindrons en jaune; lavons cette laine ou cette soie à l'eau de savon, la teinte devient orangée.

Le bois blanc peut être teint de la même manière; mais les matières non azotées, telles que le coton, subissent une transformation plus complète encore, surtout si l'acide est concentré.

Plongeons un petit flocon de coton cardé dans l'acide azotique fumant; après cinq minutes d'immersion, retirons le coton, lavons-le à grande eau et faisons-le sécher, nous aurons une matière s'enflammant plus facilement que la poudre, c'est du coton-poudre. Il n'en faut jamais préparer que de petites quantités à la fois. La force explosive de cette matière est trois fois plus grande que celle de la poudre ordinaire.

L'acide azotique produit des taches jaunes sur les mains ou sur les habits qui en reçoivent quelques gouttes.

43. Autres composés oxygénés de l'azote. — Outre l'acide azotique, l'azote forme avec l'oxygène quatre autres composés :

L'acide hypoazotique.	AzO^4
L'acide azoteux.	AzO^3
Le bioxyde d'azote	AzO^2
Le protoxyde d'azote.	AzO

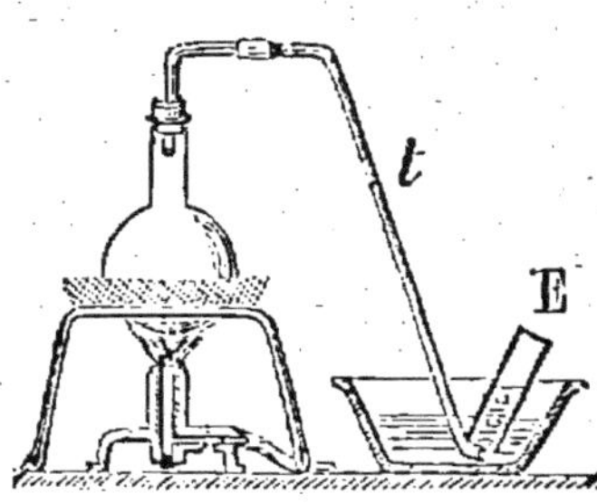

Fig. 43. — Préparation du protoxyde d'azote.

E, éprouvette où le protoxyde d'azote arrive par le tube *t*.

L'acide azoteux est très difficile à obtenir, et il est d'une très grande instabilité ; c'est un liquide bleu qui bout en se décomposant à 10 degrés.

Le protoxyde d'azote s'obtient facilement en décomposant par la chaleur l'azotate d'ammoniaque obtenu précédemment; il suffit de chauffer ce sel bien desséché dans un ballon semblable à celui qui a servi à la préparation de l'oxygène (*fig.* 43). Voici ce qui se passe :

$$\underbrace{AzH^3,HO,AzO^5}_{\text{Azotate d'ammoniaque.}} \quad = \quad \underbrace{4HO}_{\text{Eau.}} \quad + \quad \underbrace{2AzO}_{\substack{\text{Protoxyde} \\ \text{d'azote.}}}$$

Ce gaz n'a aucune propriété acide, aussi l'appelle-t-on oxyde; (protoxyde signifie oxydé une fois, bioxyde deux fois).

Il peut entretenir la combustion et la respiration; dans ce dernier cas, il jouit de propriétés qui lui ont valu le nom de gaz hilariant; c'est un anesthésique qui n'est pas sans dangers.

44. Bioxyde d'azote. — Dans un flacon semblable à celui qui a servi à la préparation de l'hydrogène (*fig.* 44), mettons 5 grammes de cuivre en fragments; versons de l'acide azotique; il en faudra de 12 à 15 grammes pour que le cuivre soit totalement dissous; on peut l'étendre d'eau.

Il se dégage un gaz, le bioxyde d'azote AzO^2. Il est incolore, mais les premières portions qui se dégagent deviennent rouges au contact de l'air que contient le flacon. Recueilli sur l'eau, il est incolore.

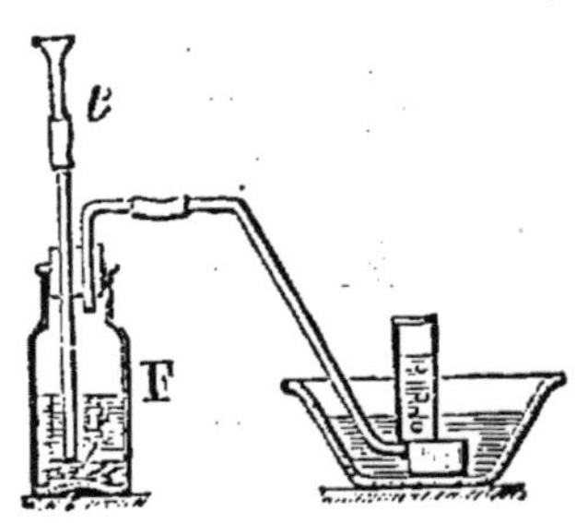

Fig. 44. — **Préparation du bioxyde d'azote.**

F, flacon contenant l'eau et le cuivre; *t*, tube par lequel on verse l'acide azotique.

Mettons à part les flacons et les éprouvettes que nous venons de remplir, elles serviront aux expériences suivantes (63 et 64).

La réaction qui produit le bioxyde d'azote est assez compliquée; un équivalent d'acide azotique perd 3 équivalents d'oxygène qui se soudent au métal, il reste AzO^2 :

$$(AzO^5 - O^3 = AzO^2) ;$$

et il se forme de l'oxyde de cuivre, autant d'équivalents qu'il y a d'oxygène abandonné $(AzO^5 + 3Cu = AzO^2 + 3CuO)$, c'est-à-dire 3. Cet oxyde, au contact de l'acide azotique non décomposé, forme un sel, l'azotate du cuivre. Il faut donc en tout 3 équivalents de cuivre et 4 d'acide dont 1 se décompose.

Voici la formule :

$$3Cu + 4AzO^5,HO = 3CuO,AzO^5 + 4HO + AzO^2$$

ce qui signifie qu'avec 3 fois 31 gr. 75 ou 95 gr. 25 de cuivre et 4 fois 63 grammes ou 252 grammes d'acide azotique monohydraté, la réaction est complète, et il se dégage 30 grammes de bioxyde d'azote ($AzO^2 = 30$) ce qui fait environ 22 litres de ce gaz. C'est souvent à l'état de bioxyde que l'azote se dégage dans les phénomènes d'oxydation par l'acide azotique.

En chauffant jusqu'à l'ébullition, dans un ballon, le résidu de cette expérience, on achève la réaction et l'on chasse, s'il y a lieu, l'excès d'acide azotique. En filtrant la liqueur obtenue et en la versant encore chaude dans une assiette, on obtiendra, par refroidissement, des cristaux d'azotate de cuivre, que l'on pourra conserver dans un tube ou un flacon bien bouché, après les avoir égouttés et séchés ; ils sont très avides d'humidité.

45. Acide hypoazotique. — Ce corps se forme comme produit accessoire pendant les phénomènes d'oxydation par l'acide azotique, et aussi lorsqu'on ajoute de l'oxygène à du bioxyde d'azote. C'est le gaz rouge dont il a été question plusieurs fois.

Ouvrons à l'air une éprouvette ou un flacon rempli de bioxyde d'azote, les vapeurs nitreuses se produisent aussitôt, et si l'on place le doigt dans le petit nuage rouge que produisent ces vapeurs, on perçoit une élévation de température ; il y a eu action chimique :

$$AzO^2 + O^2 = AzO^4$$

La couleur rouge du gaz qui se produit disparaît au contact de l'eau, et celle-ci devient acide. Les vapeurs nitreuses ne sont pas considérées comme un acide, elles paraissent formées de AzO^5 combiné à AzO^3 ou à AzO^2, peut-être à tous les deux.

Il faut éviter l'inhalation de ces vapeurs : elles sont préjudiciables aux organes de la respiration.

L'acide azotique peut en dissoudre une grande quantité, il devient alors brun presque noir ; quand on l'étend d'eau, la solution devient verte, puis bleue, puis incolore.

Dans une éprouvette ou un flacon contenant du bioxyde d'azote et renversé sur une terrine pleine d'eau, introduisons de l'oxygène préparé comme il a été dit (1), le mélange gazeux deviendra rouge, et sur les parois de verre il se forme des gouttelettes liquides qui descendent et se dissolvent dans l'eau en formant des stries ; l'eau est devenue acide, elle s'est élovée dans l'éprouvette, ce qui montre que le volume du gaz a diminué.

Voici comment on explique ordinairement le phénomène.

L'acide hypoazotique provenant de AzO^2 et O^2 s'est dédoublé au contact de l'eau. Supposons qu'on ait 3 équivalents de AzO^4, ce qui fait Az^3 et O^{12}; Az^2 et O^{10} peuvent former $2AzO^5$ que l'eau rendra stable ($2AzO^5,HO$); des 3 équivalents de AzO^4, il restera AzO^2 seulement de gazeux. Et l'on traduit ainsi la réaction :

$$3AzO^4 + 2HO = 2AzO^5,HO + AzO^2$$

Si l'on ajoute de l'oxygène au reste AzO^2, toujours en présence de l'eau, les mêmes phénomènes pourront se reproduire, et l'on conçoit qu'on parvienne à faire disparaître tout le gaz. Le calcul montre que 3 volumes d'oxygène devraient former avec 4 volumes de bioxyde d'azote une combinaison gazeuse complète ($AzO^2 + O^3 = AzO^5$) et entièrement soluble dans l'eau; mais l'expérience est en désaccord avec cette théorie.

Prenons une petite éprouvette qui nous servira de mesure, et faisons passer deux fois son contenu de bioxyde d'azote dans un flacon préalablement rempli d'eau et retourné sur une terrine pleine d'eau (*fig.* 45); puis faisons passer une éprouvette d'oxygène. Lorsque les vapeurs rouges ont disparu, il reste un gaz ($\frac{1}{10}$ environ du volume total) presque entièrement formé de protoxyde d'azote (1), en ajoutant ou de l'oxygène ou du bioxyde, il ne se produit plus de vapeurs rouges, c'est que l'un des gaz n'était pas en excès.

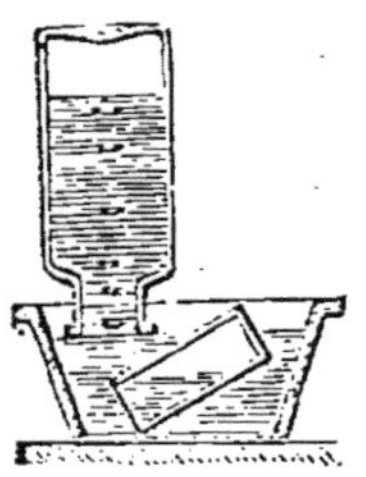

Fig. 45. — Action de l'oxygène sur le bioxyde d'azote.

En mettant l'oxygène le premier dans le flacon, en faisant passer successivement les deux éprouvettes de bioxyde, il y a un petit reste de ce dernier gaz, ce que l'on constate par une nouvelle addition d'oxygène : de nouvelles vapeurs rouges apparaissent.

Dans les deux cas, l'élévation de température n'est pas la

(1) Le protoxyde d'azote est peut-être produit par des réactions telles que celles-ci :
$$O + 2AzO^2 = AzO^5 + AzO.$$
$$2AzO^2 + O^2 + HO = AzO^4,HO + AzO.$$

même, le dégagement de chaleur étant plus ou moins brusque, selon que la combinaison est plus ou moins rapide : on conçoit que les résultats soient différents. En tous cas, ils ne sont pas conformes à la théorie admise généralement, car en prenant 4 volumes de AzO^2 et 3 volumes de O, il y a un reste de ce dernier et en outre de l'azote.

Ces réactions sont importantes ; on en fait une continuelle application dans la fabrication de l'acide sulfurique.

46. Acide sulfurique. — Dans un flacon rempli d'air ou mieux d'oxygène, brûlons du soufre ou remplissons ce flacon d'acide sulfureux par l'un des moyens indiqués (33 et 36); plaçons ensuite un copeau de bois ou un charbon suspendu à un fil de fer et préalablement trempé dans l'acide azotique (*fig.* 46) ; il se formera des vapeurs rutilantes et des gouttelettes liquides se condenseront contre les parois du flacon. Versons un peu d'eau et agitons ; les vapeurs rouges disparaissent et le vide se fait dans le flacon. Laissons rentrer l'air, quelques vapeurs rouges apparaissent encore, les phénomènes indiqués (45) se produisent. L'eau du flacon contient de l'acide sulfurique, ainsi qu'on s'en assure en versant quelques gouttes d'une solution d'un sel de baryum ; il se forme une poudre blanche de sulfate de baryte insoluble dans l'eau et les acides.

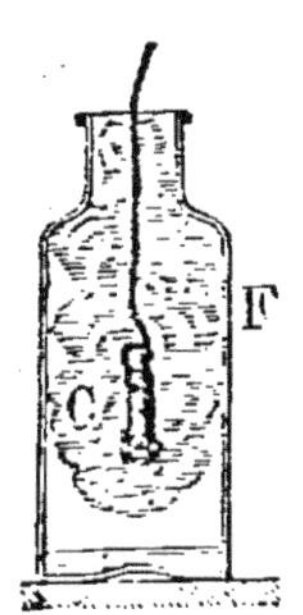

Fig. 46. — **Formation de l'acide sulfurique.**

F, flacon rempli d'acide sulfureux ; c, charbon imprégné d'acide azotique

En renouvelant l'acide sulfureux, on peut, en répétant l'expérience plusieurs fois, obtenir assez rapidement une quantité notable d'acide sulfurique.

Dans l'industrie, on fait arriver dans d'immenses chambres, entièrement faites de plomb, de l'acide sulfureux, de l'air, de la vapeur d'eau en excès et un peu d'acide azotique ; l'acide sulfurique se produit.

Voici les formules par lesquelles on représente habituellement les réactions qui donnent naissance à l'acide sulfurique.

1° *Combustion du soufre :*

$$S \quad + \quad O^2 \quad = \quad SO^2$$

Soufre.   Oxygène de l'air.   Acide sulfureux.

Ce gaz est entraîné avec l'azote de l'air par le tirage des pa-

pareils, dans les chambres de plomb où il se trouve en contact d'un peu d'acide azotique et de vapeur d'eau.

2° *Oxydation de l'acide sulfureux :*

$$\underset{\text{Acide sulfureux.}}{SO^2} + \underset{\text{Acide azotique.}}{AzO^5,HO} = \underset{\text{Acide sulfurique.}}{SO^3,HO} + \underset{\text{Acide hypoazotique.}}{AzO^4}$$

3° *Transformation des produits nitreux de l'acide azotique :*

$$\underset{\substack{\text{Acide}\\\text{hypoazotique.}}}{\left.\begin{array}{c}AzO^4\\AzO^4\\AzO^4\end{array}\right.} + \underset{\text{Eau.}}{\left.\begin{array}{c}HO\\HO\end{array}\right.} = \underset{\text{Acide azotique.}}{\left.\begin{array}{c}AzO^5,HO\\AzO^5,HO\end{array}\right.} + \underset{\substack{\text{Bioxyde}\\\text{d'azote.}}}{AzO^2}$$

$$\underset{\text{Bioxyde d'azote.}}{AzO^2} + \underset{\text{Oxygène de l'air.}}{O^2} = \underset{\text{Acide hypoazotique.}}{AzO^4}$$

Ce dernier, en présence de la vapeur d'eau, donne de l'acide azotique et du bioxyde d'azote qui redevient acide hypoazotique et ainsi de suite.

47. Propriétés de l'acide sulfurique. — Il est dangereux à manier, il attaque et détruit presque toutes les matières organiques. Étendu d'eau, il est quelquefois plus actif que concentré : une feuille de papier immergée dans l'acide sulfurique, puis lavée à grande eau, donne, après séchage, du parchemin végétal ; trempée dans de l'acide étendu, de deux ou trois fois son volume d'eau, la feuille de papier est détruite.

Les matières végétales trempées dans de l'eau contenant 5 pour cent d'acide sulfurique, puis égouttées et bien desséchées, se pulvérisent entre les doigts. Trempons dans ce bain un petit morceau d'étoffe de laine, un autre de chanvre ou de coton ; égouttons le liquide en excès, et chauffons au-dessus d'une flamme de manière à bien dessécher : la laine n'aura pas été atteinte, et la matière végétale sera détruite ; c'est sur ces faits que sont basés les procédés d'épaillage chimique. Un morceau de bois, de sucre, trempé dans l'acide sulfurique devient noir, l'acide met du charbon en liberté en s'emparant de l'eau.

Les métaux n'agissent pas de la même manière sur l'acide sulfurique (33) ; pour les uns, fer, zinc, l'attaque se fait mieux si l'acide est dilué, et il se dégage de l'hydrogène ; le cuivre et l'argent ne sont attaqués que par l'acide concentré, et il se dégage de l'acide sulfureux.

Un demi-décilitre d'acide sulfurique mêlé à un hectolitre d'eau forme un liquide excellent pour l'arrosage des prairies. Une quantité plus grande d'acide sulfurique attaquerait les végétaux; mais le liquide obtenu pourrait servir à la destruction des herbes des chemins et allées des jardins.

CHLORE : $Cl = 35,5$

48. Préparation. — Le sel marin ou sel de cuisine est un composé binaire formé d'un métalloïde, le chlore, et d'un métal, le sodium (toxiques tous deux) ; il a pour formule $NaCl$, chlorure de sodium.

Versons sur quelques pincées de sel placées au fond d'un verre (*fig.* 47) un peu d'acide sulfurique, il se produit une effervescence due à un gaz acide, HCl, l'acide chlorhydrique (hydracide), qui fume à l'air en se dégageant parce qu'il est très avide d'humidité.

Fig. 47. — Décomposition du sel marin par l'acide sulfurique.

Plaçons dans les fumées qui se dégagent un papier de tournesol bleu, il deviendra rouge.

Le gaz acide chlorhydrique est très soluble dans l'eau, et sa solution est connue dans le commerce sous les noms *d'acide muriatique, esprit de sel, acide hydrochlorique.*

En enlevant l'hydrogène à l'acide chlorhydrique on a du chlore ; le bioxyde de manganèse est employé à cet effet.

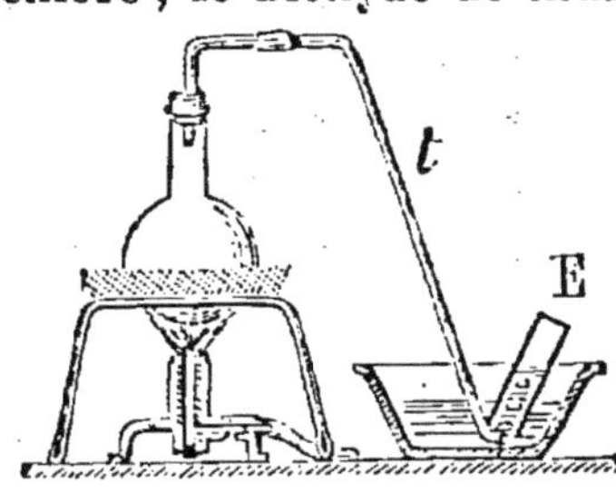

Fig. 48. — Préparation du chlore. *t,* tube permettant au chlore de se dégager ; il se dissout en partie dans l'eau, le reste est recueilli dans l'éprouvette E.

Mettons, dans un ballon semblable à celui qui a servi à la préparation de l'oxygène (*fig.* 48), 10 grammes de bioxyde de manganèse, ajoutons un demi-décilitre d'acide chlorhydrique du commerce et chauffons doucement; du chlore se dégage, et l'on peut le recueillir sur l'eau, comme on recueille l'oxygène, ou dans le gazomètre.

Le dégagement se fera très régulièrement si le ballon est placé dans une casserole contenant de l'eau et mise sur le feu (*fig.* 49). En chauffant à feu nu, la masse se boursoufle, et

une portion du contenu du ballon peut s'échapper par le tube
à dégagement.

L'eau dissout de 1 à 3 volumes de chlore selon la températu-
ture, le maximum est à 8°; il se forme souvent dans ce
cas de l'hydrate de chlore ($Cl + 10HO$), composé cristallin qui
peut servir à la préparation du chlore liquide. L'eau salée dissout très peu de chlore.

Le gaz chlore est jaune verdâtre; un litre pèse ($Cl = 35,5$)
35,5 fois plus que l'hydrogène ou $0,0895 \times 35,5 = 3$ gr, 17.
Il attaque fortement les matières animales; il provoque la toux
et peut faire cracher le sang.

On peut faire fonctionner plusieurs appareils à chlore dans
une même salle et étudier les propriétés de ce gaz sans danger d'être incommodé, en opérant de la manière suivante :

Le ballon producteur du chlore (*fig.* 49) est réuni à un flacon
vide où le chlore arrive à la partie inférieure par un tube
plongeant au fond ; de là il se rend dans un tube large (1 cen-
timètre de diamè-tre) contenant un peu de chaux vive ;
l'appareil se termine par un flacon à moi-tié rempli d'une
dissolution de car-bonate de soude et un verre contenant
de l'eau. Avant de mettre l'acide chlo-

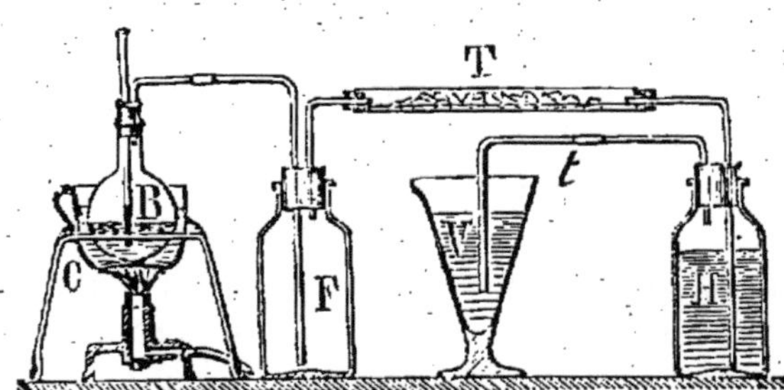

Fig. 49.— **Préparation du chlore et des hypochlorites.**

B, ballon producteur du chlore placé dans un bain-marie Ç ;
F, flacon vide où arrive le chlore, il passe en T sur de la chaux,
en H dans une dissolution de carbonate de soude, V absorbe
les dernières traces du chlore;
t, tube par lequel on aspire, pour s'assurer qu'il n'y aura pas de
fuite.

rhydrique et le bioxyde de manganèse dans le ballon, et la
soude dans le deuxième flacon, on ajuste les différentes pièces
de tout l'appareil ; le tube à entonnoir du ballon étant fermé
avec le doigt, si l'on aspire par le dernier tube *t*, il ne doit
entrer d'air nulle part, la langue est attirée et se tient à
l'extrémité de ce tube. Cette précaution prise, on place dans
le ballon et le flacon les matières indiquées et l'on peut com-
mencer l'expérience.

On obtient du chlore gazeux dans le premier flacon, du
chlorure de chaux (mélange d'hypochlorite CaO,ClO et de chlorure de calcium $CaCl$) dans le tube, et, dans le verre et le der-

nier flacon, de l'eau de Javel ou de l'eau de chlore, selon qu'on y a mis une solution de soude ou de l'eau ordinaire. L'eau de Javel du commerce est une solution d'hypochlorite et de chlorure de potassium KO, ClO et KCl, ou plus souvent de sodium (eau de Labarraque).

49. Propriétés du chlore. — *Il est comburant.* — Si, dans la premier flacon de l'appareil précédent, on introduit un fil de cuivre ou un copeau de cuivre tenu par un fil de fer et préalablement chauffé, le cuivre se maintient incandescent, et il se forme des fumées épaisses d'un gris roussâtre de chlorure de cuivre anhydre $CuCl$. En employant un copeau de cuivre d'un poids insuffisant pour se combiner à tout le chlore, le fer brûle à son tour dans le chlore, et il se forme du perchlorure de fer Fe^2Cl^3.

Les vapeurs de chlorure de cuivre, versées en penchant le flacon sur une flamme, la colorent en vert bleuâtre. Si l'on verse de l'eau dans le flacon, la poussière grise produite par les vapeurs condensées du chlorure anhydre se dissout, en donnant une liqueur verte de chlorure de cuivre hydraté. (L'ammoniaque donne à cette liqueur une belle couleur bleu-célesie : c'est un caractère des sels de **cuivre.**)

Le chlore est un décolorant. — Quelques gouttes d'encre ordinaire versées dans le flacon ou le verre contenant de l'eau de chlore se décolorent. Si l'on met, dans le premier flacon de l'appareil 49, une petite feuille de papier humide où ont été tracés à l'avance quelques caractères à l'encre ordinaire, les caractères disparaissent. L'encre d'imprimerie, composée de noir de fumée et d'huile de lin épaissie, n'est pas attaquée par le chlore ; on peut enlever, au moyen de l'eau de chlore, les taches d'encre ordinaire faites dans les livres.

La solution de chlorure de chaux et l'eau de Javel abandonnent facilement une partie du chlore qui s'y trouve fixé ; l'acide carbonique de l'air suffit pour opérer le déplacement ; un acide plus énergique, l'acide chlorhydrique, par exemple, agit plus rapidement.

Faisons une tache d'encre sur une pierre, un pavé, une planche, et étendons sur la tache du chlorure de chaux en bouillie, puis ajoutons peu à peu de l'acide chlorhydrique : le chlore se dégage, les bulles qui se produisent au contact de la tache la font disparaître. L'encre ordinaire, qui est du tannate de fer, se transforme en chlorure de fer presque incolore et très soluble.

C'est sous forme de chlorure de chaux et d'eau de Javel qu'on livre le chlore dans le commerce. On les utilise pour le blanchiment des étoffes d'origine végétale, des chiffons, de la pâte à papier.

Les tissus ne sont nullement atteints si l'on a soin d'enlever, après l'opération, le chlore en excès (antichlore 35).

Le chlore est un oxydant. — C'est-à-dire qu'il décompose un très grand nombre de substances, en mettant l'oxygène en liberté. Exposons au soleil un flacon rempli d'eau de chlore et fermé d'un bouchon traversé d'un tube à dégagement dont l'extrémité plonge dans la cuve à eau sous une éprouvette (*fig.* 50); abandonnons ainsi l'appareil pendant quelques jours (la lumière du jour suffit, mais la réaction est moins rapide que par les rayons solaires); nous obtiendrons de l'oxygène; l'eau n'aura plus l'odeur du

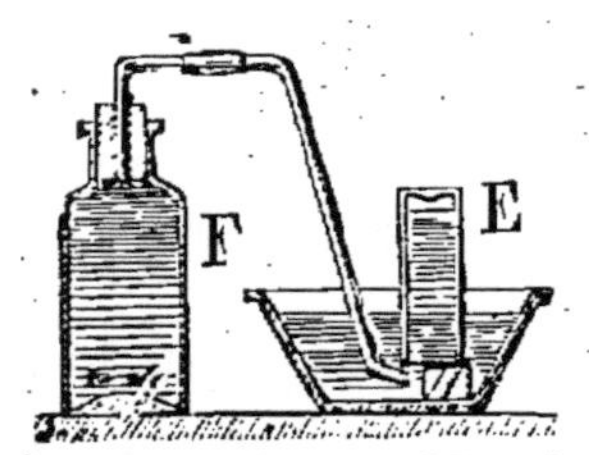

Fig. 50. — **Décomposition de l'eau par le chlore.**

F, flacon rempli d'eau de chlore; il se dégage en E quelques bulles d'oxygène.

chlore, elle contiendra de l'acide chlorhydrique. Le chlore a décomposé l'eau, il s'est combiné à l'hydrogène et l'oxygène est devenu libre.

Le chlore a une très grande affinité pour l'hydrogène; un mélange de deux volumes égaux de ces deux gaz détone sous l'action de la lumière solaire. Cependant nous avons enlevé l'hydrogène à l'acide chlorhydrique au moyen de l'oxygène du bioxyde de manganèse; mais cet oxygène, au moment où il naît, a une affinité chimique beaucoup plus énergique que lorsqu'il a été mis en liberté; en effet, un courant de gaz oxygène passant dans une dissolution d'acide chlorhydrique ne produit aucune décomposition. Quand les gaz agissent sans se dégager, on dit qu'ils agissent à *l'état naissant*. On se rappellera que, dans ce cas, leurs propriétés chimiques sont exaltées.

Le chlore est un antiputride. — Il détruit les odeurs et les miasmes. En agitant, avec un peu d'eau de chlore ou une solution d'hypochlorite, de l'eau en putréfaction, une dissolution d'hydrogène sulfuré ou de foie de soufre, la mauvaise odeur disparaît.

On jette du chlorure de chaux dans les urinoirs pour les désinfecter, et l'on assainit les salles des hôpitaux par des fumigations de chlore. Tous les germes putrides, les ferments, les moisissures sont détruits par le chlore.

Un tonneau moisi peut être remis en bon état en le lavant à l'eau de chlore ou à l'eau de Javel, ou bien au chlorure de chaux additionnés d'un peu d'acide, et en rinçant ensuite à grande eau d'abord, puis avec une solution faible de carbonate de soude.

Lorsque la moisissure est ancienne, il faut quelquefois répéter l'opération ; on termine par un lavage à grande eau.

Les caves dans lesquelles le lait, le vin, la bière tournent, sont débarrassées pour longtemps des germes fermentescibles par un badigeonnage au chlorure de chaux, ou une fumigation de chlore.

50. **Réaction de la préparation du chlore.** — Lorsqu'on verse de l'acide chlorhydrique sur du bioxyde de manganèse, l'hydrogène de l'un s'unit à l'oxygène de l'autre, et la moitié seulement du chlore de l'hydracide se dégage.

Voici la formule :

$$\begin{array}{c} \text{HC}l \\ \text{HC}l \end{array} \;+\; Mn\text{O}^2 \;=\; \begin{array}{c} Mn\text{C}l \\ +\ \text{C}l \end{array} \;+\; \begin{array}{c} \text{H} \\ \text{H} \end{array}\text{O}^2$$

Acide chlorhydrique.   Bioxyde de manganèse.   Chlorure de manganèse et chlore.   Eau.

L'acide chlorhydrique est produit par l'action de l'acide sulfurique sur le sel marin :

$$\text{NaC}l \;+\; \text{HO,SO}^3 \;=\; \text{HC}l \;+\; \text{NaO,SO}^3$$

Sel marin.   Acide sulfurique.   Acide chlorhydrique.   Sulfate de soude.

On peut produire le chlore en ajoutant à du bioxyde de manganèse ce qu'il faut pour faire de l'acide chlorhydrique. C'est ce qu'indique la formule suivante :

$$\begin{array}{c} \text{HO,SO}^3 \\ \text{HO,SO}^3 \end{array} \;+\; \begin{array}{c} Mn\text{O}^2 \\ \text{NaC}l \end{array} \;=\; \begin{array}{c} Mn\text{O,SO}^3 \\ \text{NaO,SO}^3 \end{array} \;+\; \begin{array}{c} \text{H} \\ \text{H} \end{array}\text{O}^2 \;+\; \text{C}l$$

Acide sulfurique.   Sel et bioxyde de manganèse.   Sulfates de soude et de manganèse.   Eau.   Chlore.

Dans ce cas tout le chlore se dégage ; la plus grande partie peut être mise en liberté sans qu'il soit besoin de chauffer ; pour cela, on mêle parties égales d'acide sulfurique et d'eau et l'on verse aussitôt le liquide sur le mélange imparfait de sel et de bioxyde de manganèse. La chaleur produite par le contact de l'acide sulfurique et de l'eau suffit à la continuation de la réaction pendant un temps assez long.

D'après la formule précédente, les proportions à employer, suivant les équivalents, sont : 58,5 de sel, 44 de bioxyde et 98 d'acide sulfurique monohydraté.

51. Acide chlorhydrique. — Mettons dans le ballon qui a servi à la préparation du chlore, 10 grammes de sel de cuisine non pilé, puis un poids double d'acide sulfurique monohydraté ; ajustons le tube à dégagement, mis préalablement en communication avec les appareils qui suivent (*fig.* 51), et plongeons le ballon dans un bain-marie, comme pour le chlore.

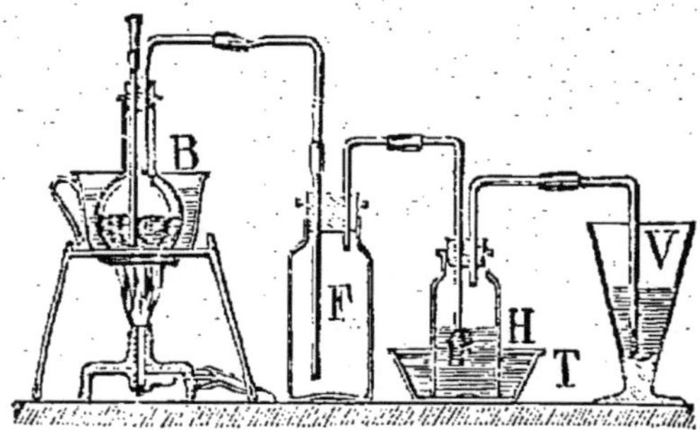

Fig. 51. — **Préparation de l'acide chlorhydrique**

B, ballon contenant le sel et l'acide sulfurique et placé dans un bain-marie.

F, flacon vide où arrive le gaz acide ;

H, flacon contenant de l'eau où se dissout HCl ; l'excès se dissout en V.

T, Terrine contenant de l'eau froide.

Le gaz chlorhydrique se dégage à froid, et quand le dégagement se ralentit, on chauffe ; à la fin, on enlève le bain-marie, et l'on chauffe le ballon sur une toile métallique.

Quand l'air du ballon et du premier flacon est expulsé, le gaz chlorhydrique se dissout dans l'eau du second flacon en formant des stries ; la solution est plus dense que l'eau. Il est par suite inutile de faire plonger le tube d'arrivée au fond de l'eau ; il suffit qu'il affleure.

La dissolution se faisant avec dégagement de chaleur, il est bon de placer le second flacon dans l'eau froide.

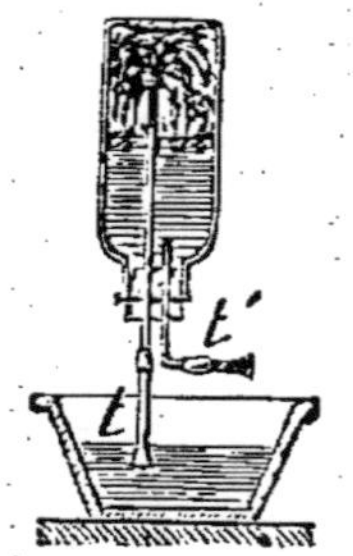

Fig. 52. — **Dissolution de l'acide chlorhydrique dans l'eau.**

t, plonge dans l'eau teintée de tournesol ;

t', est fermé par un bout d'agitateur.

52. Propriétés de l'acide chlorhydrique. — L'acide chlorhydrique gazeux remplit le premier flacon de l'appareil précédent. Détachons ce flacon, et, ayant fermé l'un des tubes, plongeons l'autre dans de l'eau légèrement teintée par du tournesol (*fig.* 52).

L'eau ne tarde pas à pénétrer dans le flacon et à le remplir si l'opération a été bien faite. Le tournesol est devenu rouge. Le gaz de notre flacon est donc un *acide* très *avide d'eau*, 500 litres de gaz acide chlorhydrique peuvent être dissous dans un litre d'eau ; il est fumant à l'air. Si, dans l'expérience, le dégagement gazeux se ralentit, le gaz peut être dissous par l'eau plus rapidement qu'il est produit ; il y a absorption : l'eau du second flacon vient dans le premier, ou dans le ballon si le premier flacon contient l'eau qui doit dissoudre le gaz.

Pour éviter cette absorption, on ajoute ordinairement au flacon un troisième tube, appelé tube de sûreté, dont l'un des bouts s'ouvre à l'air et l'autre plonge dans l'eau, et qui laisse au besoin rentrer l'air. Une suite de flacons ainsi disposés constituent l'*appareil de Woolf*.

Une goutte d'acide chlorhydrique produit sur les habits une tache rouge que l'on fait disparaître par un alcali : la potasse, la soude, l'ammoniaque ou leurs carbonates. Il en est de même pour l'acide sulfurique ; l'acide a été neutralisé.

A de l'acide chlorhydrique, ajoutons peu à peu du carbonate de soude : il se produit un dégagement d'acide carbonique.

$$HCl \quad + \quad NaO,CO^2 \quad = \quad NaCl \quad + \quad HO \quad + \quad CO^2$$

| Acide chlorhy-drique. | Carbonate de soude. | Sel marin. | Eau. | Acide carbonique. |

Quand la réaction a cessé, le liquide n'est plus acide ; et, si l'on concentre par évaporation, on obtient des cristaux cubiques de sel marin.

On pourra reconnaître le moment où la neutralisation est obtenue, au moyen du tournesol. Il est bon de chauffer le liquide vers la fin de l'opération, afin de chasser complètement l'acide carbonique qui rougirait le tournesol.

L'acide chlorhydrique dissout la craie en faisant dégager l'acide carbonique ; il dissout le fer, le zinc, en donnant un chlorure et de l'hydrogène qui se dégage. Mêlé à de l'acide azotique, il constitue l'*eau régale* qui dissout l'or et tous les métaux en donnant des chlorures ; le chlore agit à l'état naissant; il est mis en liberté par l'acide azotique, qui prend son oxygène à l'acide chlorhydrique.

$$HCl + AzO^5,HO = HO + Cl + AzO^4 + HO$$

Acide chlorhydrique.   Acide azotique.   Eau.   Chlore.   Acide hypoazotique.   Eau.

On reconnaît l'acide chlorhydrique au moyen de l'ammoniaque; les deux gaz se combinent en donnant d'épaisses fumées de sel ammoniac (AzH^3HCl). Dans le fond d'une éprouvette, mettons du sel marin et de l'acide sulfurique ; couvrons

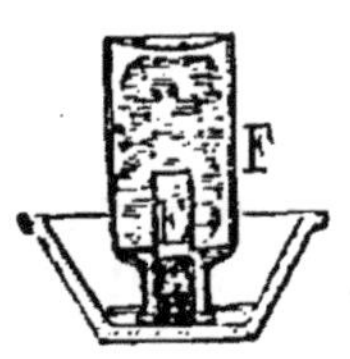

Fig. 53.— **Combinaison de l'ammoniaque et de l'acide chlorhydrique.**

E, éprouvette contenant du sel et de l'acide sulfurique;
F, flacon qui la recouvre.

cette éprouvette d'un flacon dont les parois sont intérieurement imprégnées d'ammoniaque ordinaire (*fig.* 53) : le flacon se remplit de fumées tellement épaisses qu'on n'aperçoit plus l'éprouvette.

Le gaz, en se dégageant, chasse un peu d'air, et un peu d'eau monte dans le flacon.

Une baguette de verre, trempée dans l'ammoniaque, s'enveloppe de fumées semblables à l'approche de l'acide chlorhydrique. L'azotate d'argent donne, dans une dissolution même très étendue d'acide chlorhydrique ou d'un chlorure, un précipité blanc insoluble.

53. Métalloïdes de la famille du chlore. — Le *fluor* n'est pas connu, mais on peut préparer son hydracide comme on a préparé l'acide chlorhydrique; au lieu d'un chlorure, on emploie un fluorure, celui de calcium, $CaFl$, que l'on attaque par l'acide sulfurique :

$$CaFl + HO,SO^3 = HFl + CaO,SO^3$$

Fluorure de calcium.   Acide sulfurique.   Acide fluorhydrique.   Sulfate de chaux.

Mettons, dans une coupelle de plomb, 10 grammes de *spath fluor* en poudre et de l'acide sulfurique pour former une pâte; en chauffant doucement, l'acide fluorhydrique se dégage gazeux. Une plaque de verre exposée à l'action de ces vapeurs se corrode et devient opaque : la silice du verre est dissoute par l'acide ; il se forme du fluorure de silicium et de l'eau.

Enduisons de cire ramollie par du pétrole, un verre à expérience; l'enduit sera facile à étendre uniformément si le verre a été chauffé préalablement ; mettons dans le verre 10 grammes d'eau et faisons un trait, juste au niveau de l'eau.

Répétons l'expérience en mettant 20, puis 50, puis 100 grammes d'eau, et écrivons au-dessus de chaque trait le nombre correspondant en ayant soin d'enlever la cire à fond. Exposons le verre, en le tenant par une pince, aux vapeurs d'acide fluorhydrique ; l'attaque se fera là où le verre a été mis à nu ; en enlevant ensuite la cire, nous aurons un verre d'une graduation peu précise, il est vrai, mais qui pourra néanmoins nous servir dans nombre d'expériences.

Le *brome* et l'*iode* sont mis en liberté de leur combinaison par le chlore ; on peut alors les caractériser : le premier par l'éther qui se colore en rouge ; le second par l'empois d'amidon qui se colore, *à froid*, en bleu intense.

L'acide azotique fumant met, comme le chlore, le brome et l'iode en liberté ; en ajoutant du sulfure de carbone, celui-ci tombe au fond du tube à essai qui sert à l'expérience, et se colore en rouge pour le brome, et en violet foncé pour l'iode.

Les éponges contiennent de l'iode. Calcinons un fragment d'éponge hors d'usage et traitons la cendre obtenue par l'eau bouillante, filtrons et concentrons ; le liquide clair renferme des iodures ; l'eau de chlore ou l'acide azotique fumant mettent en liberté l'iode qu'on peut caractériser, comme il vient d'être dit, par l'empois d'amidon ou le sulfure de carbone.

La teinture d'iode peut être employée pour la gravure sur métaux ; on opère comme pour la gravure sur verre. La teinture d'iode ou solution d'iode dans l'alcool, s'étend avec un pinceau. On peut lui substituer l'acide azotique ou un mélange de bichromate de potasse et d'acide sulfurique.

Il est assez difficile de trouver des sujets de manipulations élémentaires peu coûteuses ou sans dangers sur des métalloïdes tels que le phosphore, le bore, le silicium.

Les préparations de l'hydrogène phosphoré, du phosphore au besoin, de l'acide borique, de l'acide silicique, etc., sont ordinairement réservées pour les expériences de cours.

AMMONIAQUE : $AzH^3 = 17$

54. **Réduction de l'acide azotique.** —Préparons l'hydrogène comme il a été dit 12 (*fig.* 54) et versons par le tube à

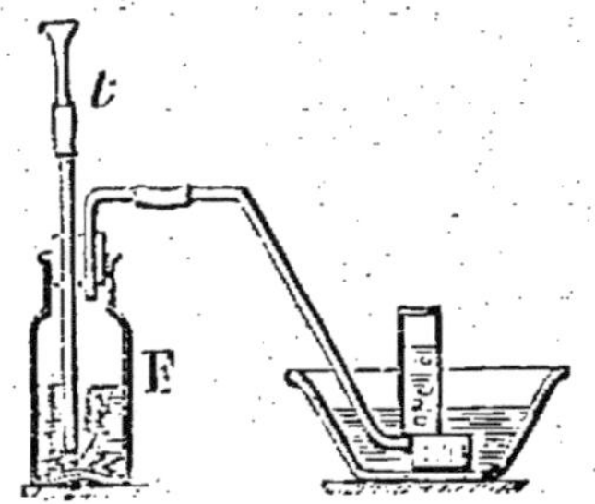

Fig. 54. —**Action de l'hydrogène naissant sur l'acide azotique.**
F, flacon contenant de l'eau, du zinc et de l'acide sulfurique;
t, tube par lequel on verse quelques gouttes d'acide azotique.

entonnoir de l'appareil, quelques gouttes d'acide azotique : le dégagement d'hydrogène se ralentit notablement, mais le fer ou le zinc continuent à se dissoudre.

L'acide azotique perd son oxygène, qui se combine à l'hydrogène en donnant de l'eau. Une partie de l'hydrogène naissant s'empare des deux éléments de l'acide azotique : avec l'oxygène, il donne de l'eau, et, avec l'azote, de l'ammoniaque.

$$AzO^5,HO \quad + \quad 3H \quad + \quad 5H \quad = \quad AzH^3 \quad + \quad 5HO \quad + \quad HO$$

Acide azotique.   Hydrogène.   Ammoniaque.   Eau.

L'ammoniaque formée se dissout dans l'eau du flacon et se combine aux acides en excès ; c'est une base analogue à la potasse et à la soude ; on peut la formuler ainsi : AzH^3HO ou AzH^4O. Le métal est représenté par AzH^4 et s'appelle quelquefois *ammonium* ($AmO = AzH^4O$).

Si nous mettons le liquide du flacon à hydrogène dans un ballon avec de la chaux et si nous chauffons, il se dégagera un gaz à odeur piquante, bleuissant le tournesol, ne pouvant être recueilli sur l'eau parce qu'il est très soluble, et donnant d'épaisses fumées à l'approche d'une baguette de verre trempée dans de l'acide chlorhydrique : c'est le gaz ammoniac AzH^3.

C'est ce gaz qui se dégage des écuries et particulièrement des bergeries où habituellement le fumier séjourne longtemps. Il se produit aussi dans la distillation de la houille, des os et de toutes les matières organiques azotées. L'urine putréfiée, ainsi que tous les produits de vidanges, contiennent de l'ammoniaque.

Les eaux vannes des usines à gaz et des vidanges sont les matières premières servant à l'extraction de l'ammoniaque. On les mêle à de la chaux, et l'on distille ; les gaz dégagés se recueillent dans de l'acide sulfurique ou chlorhydrique étendu.

Lorsque l'acide est neutralisé, on concentre, et l'on fait cristalliser ; on obtient une matière brute, le sulfate d'ammoniaque (AzH^4O,SO^3), ou le sel ammoniac (AzH^4Cl), qui sert à la préparation de l'alcali ou des sels ammoniacaux purs.

55. Mettons dans un ballon un demi-décilitre d'eau, 10 gr. de sulfate d'ammoniaque ou de sel ammoniac et 10 ou 15 gr. de chaux vive. Disposons l'appareil comme il est indiqué *figure* 55.

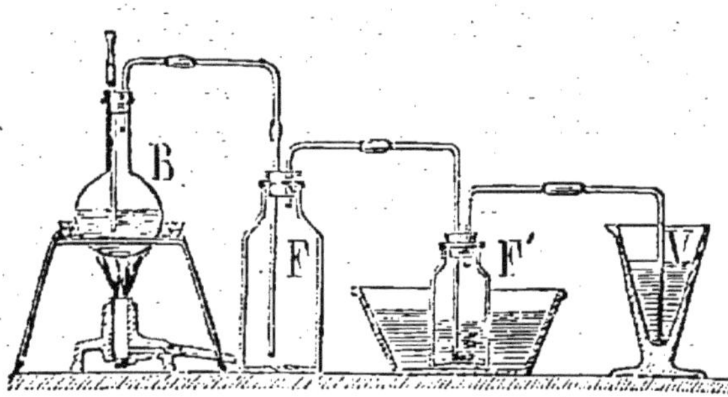

Fig. 55 — Préparation de l'ammoniaque.

B, ballon contenant une solution d'un sel ammoniacal et de la chaux ;
F, flacon vide destiné à recueillir le gaz ammoniac ;
F', flacon contenant de l'eau où l'ammoniaque se dissout ;
V, verre où se condensent les dernières traces d'ammoniaque.

Le premier flacon se remplira de gaz ammoniac : l'eau du second absorbera le gaz en excès et donnera de l'alcali volatil (ammoniaque du commerce). Le liquide s'échauffe dans le second flacon, et il est bon de placer celui-ci dans un vase contenant de l'eau froide.

56. Propriétés. — Le gaz ammoniac est celui qui a la plus grande solubilité dans l'eau ; 1000 volumes de ce gaz peuvent être absorbés par un volume d'eau à 0 degré sous la pression ordinaire ; aussi l'absorption (52) est-elle à craindre.

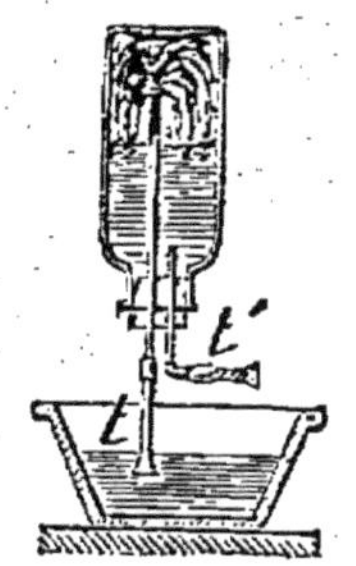

Fig. 56. — Absorption du gaz ammoniac par l'eau.

t, plonge dans une terrine pleine d'eau teintée en rouge par le tournesol ;
t', est fermé par un bout d'agitateur.

En disposant le premier flacon comme il a été dit pour l'acide chlorhydrique (*fig.* 56), on aura une idée de l'énergie avec laquelle se fait cette dissolution. Si l'eau qui dissout l'ammoniaque a été préalablement teintée par du tournesol rouge, on la voit devenir bleue en entrant dans le flacon.

CHAPITRE II

—

MÉTAUX

———

FER : $Fe = 28$

57. Oxydes de fer. — Le fer s'oxyde facilement à l'air ; la rouille est du sesquioxyde de fer ($Fe^2 O^3$), plus ou moins hydraté. L'eau favorise l'oxydation, mais le contact de l'air est nécessaire. Faisons bouillir de l'eau de manière à chasser l'air qui y était dissous ; remplissons complètement un flacon de cette eau bouillie et ajoutons de la limaille de fer brillante ; puis fermons hermétiquement. Dans un autre flacon, que nous ne fermerons pas, disposons la même expérience avec de l'eau ordinaire. Au bout d'un jour, la limaille qui est au contact de l'eau ordinaire sera rouillée, tandis que l'autre pourra se conserver brillante indéfiniment, si l'air ne rentre pas dans le flacon.

Dans l'expérience 11, on obtient de l'oxyde magnétique : $Fe^3O^4 = Fe^2O^3,FeO$; c'est-à-dire que cet oxyde paraît formé du protoxyde FeO combiné au peroxyde ou sesquioxyde Fe^2O^3.

Dans l'expérience 10, il s'est formé du protoxyde FeO, qui s'est combiné avec l'acide sulfurique en donnant du sulfate de protoxyde de fer : FeO,SO^3.

La rouille est du peroxyde de fer Fe^2O^3 ; le protoxyde et le peroxyde de fer peuvent se combiner avec les acides ; les sels formés par le premier sont dits *sels au minimum,* les autres *sels au maximum.*

En enlevant l'acide sulfurique au sulfate de fer ordinaire, nous aurons du protoxyde de fer hydraté, FeO,HO. Il suffit pour cela d'ajouter, à une solution de sulfate de fer, un alcali : potasse, soude ou ammoniaque. Voici la réaction :

$$FeO,SO^3 \quad + \quad KO,HO \quad = \quad KO,SO^3 \quad + \quad FeO,HO$$

Sulfate de fer.   Potasse.   Sulfate de potasse.   Protoxyde de fer.

Le protoxyde de fer est blanc, mais, en présence de l'air, il se suroxyde, devient vert : oxyde magnétique Fe^3O^4, plus ou moins hydraté ; puis jaune : rouille (Fe^2O^3 peroxyde).

Ce dernier peut être obtenu en précipitant par un alcali un sel de fer au maximum.

Faisons dissoudre dans 80 grammes d'eau bouillante ou bouillie, c'est-à-dire privée d'air, 10 grammes de sulfate de fer ; versons dans la solution, qui est verdâtre, de la potasse ou de la soude ; le précipité qui se forme est blanc tout d'abord, mais sa couleur se fonce bientôt au contact de l'air qui fournit de l'oxygène. Jetons le liquide sur un filtre, puis étendons celui-ci de manière que son contenu soit sur une grande surface au contact de l'air : le précipité ne tarde pas à devenir jaune-rougeâtre ; c'est de la rouille.

En remplaçant la potasse ou la soude par l'ammoniaque, on obtient un poids moindre de précipité, parce que celui-ci se dissout partiellement dans l'ammoniaque.

58. Fer réduit. — Calcinons, sur une toile métallique, le précipité obtenu dans l'expérience précédente. Lorsque le papier du filtre sera complètement incinéré, recueillons l'oxyde de fer bien desséché et introduisons-le dans un tube où nous ferons passer de l'hydrogène sec (*fig.* 57). Celui-ci, sous l'influence de la chaleur, s'empare de l'oxygène de la rouille, et il reste dans le tube du fer métallique en poudre très fine ; il est tellement oxydable qu'il s'enflamme quelquefois sponta-

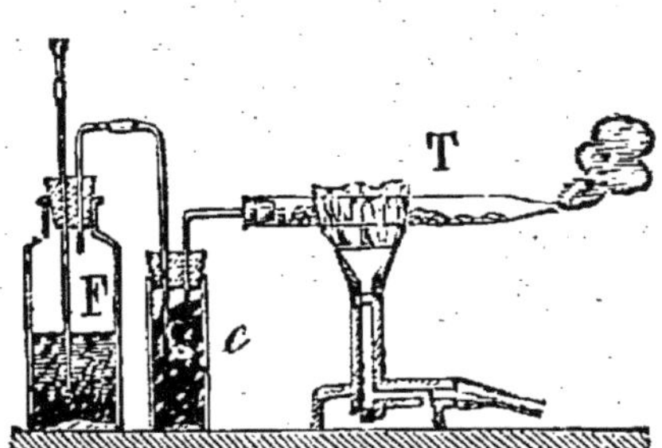

Fig. 57. — Réduction de l'oxyde de fer.
F, flacon producteur d'hydrogène ($Fe + HCl$);
c, éprouvette desséchante contenant du coke ou de la ponce imprégnée d'acide sulfurique;
T, tube en verre contenant la rouille.

nément quand on le projette dans l'air. Les substances qui jouissent de cette propriété se nomment *pyrophores*.

59. Perchlorure de fer. — Dans une solution de protochlorure de fer, résidu de la préparation précédente de l'hydrogène, faisons passer un courant de chlore ; la liqueur verte devient brune et précipite alors en rouille par les alcalis. Cette solution, concentrée par la chaleur, ne donne pas de cristaux ; le perchlorure est décomposé par l'eau et donne du peroxyde de fer et de l'acide chlorhydrique.

$$Fe^2Cl^3 \ + \ 3HO \ = \ Fe^2O^3 \ + \ 3HCl$$

Pour obtenir le perchlorure de fer cristallisé, on fait passer un courant de chlore sur du fer porté au rouge.

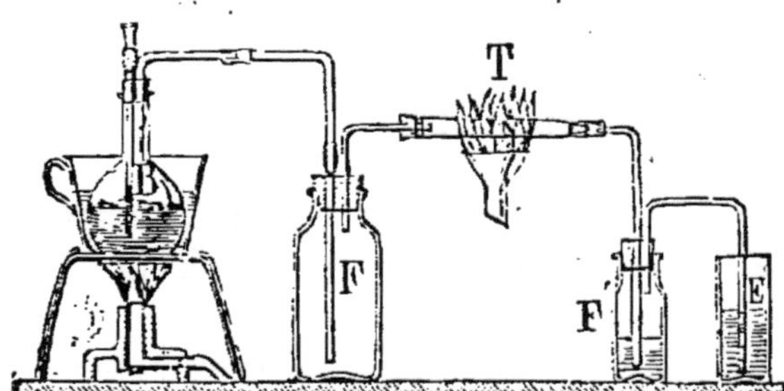

Fig. 58. — **Préparation du perchlorure de fer.**

B, ballon producteur du chlore ;
F, flacon vide où le chlore se dessèche ;
T, tube en verre contenant de la paille de fer ;
F', flacon contenant une dissolution de protochlorure ;
E, éprouvette contenant un lait de chaux destiné à absorber les dernières portions de chlore.

L'expérience disposée comme l'indique la *figure* 58 permettra d'obtenir le perchlorure de trois manières : un fil de fer préalablement chauffé au rouge et introduit dans le premier flacon plein de chlore, subira une véritable combustion ; il en sera de même du fer du tube placé dans le charbon de la toile métallique ou sur le bec de gaz ; on obtiendra de petits cristaux brun foncé ; dans le second flacon, on mettra une solution de protochlorure qui passera au maximum.

60. Carbonate de fer. — Il se rencontre, à l'état naturel, solide dans certains minerais, et en solution dans certaines eaux minérales.

L'eau chargée d'acide carbonique dissout le carbonate de fer et aussi le fer métallique. Mettons dans un flacon, avec de l'eau, le fer réduit obtenu (58) ; faisons passer un courant d'acide carbonique pendant dix minutes (*fig.* 59), laissons déposer le fer non dissous et décantons le liquide clair : il contient du carbonate de fer. L'eau possède la saveur atramentaire des sels de fer, se rouille par exposition à l'air et bleuit si l'on y verse une solution de prussiate rouge de potasse.

L'action de l'eau et de l'acide carbonique sur le fer peut être représentée ainsi :

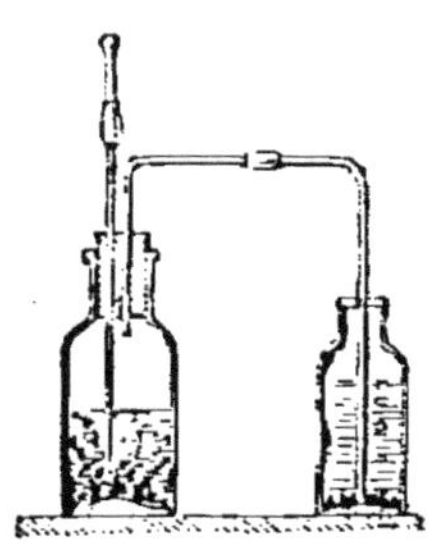

Fig. 59. — Attaque du fer par l'acide carbonique.

$$Fe + CO^2 + HO = H + CO^2,FeO$$

L'acide carbonique agit comme l'acide sulfurique, mais avec moins d'intensité.

61. Sulfate de peroxyde de fer. — En faisant passer un courant de chlore dans une solution de protosulfate de fer, on obtient du persulfate ; le chlore prend l'oxygène à l'eau et l'oxygène naissant peroxyde le fer. On remarquera que l'acide sulfurique du sulfate au minimum est insuffisant pour le sulfate au maximum dont la formule est $Fe^2O^3,3SO^3$ (un équivalent d'acide est nécessaire pour chaque équivalent d'oxygène de la base). On peut exprimer ainsi la réaction :

$$(FeO,SO^3)^2 + SO^3,HO + Cl = Fe^2O^3,3SO^3 + HCl$$

L'acide azotique peroxyde facilement le protosulfate de fer

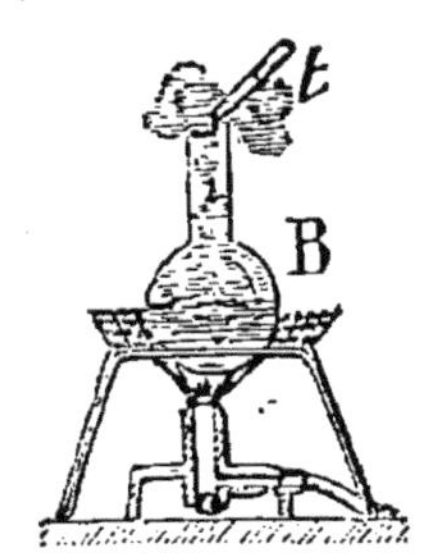

Fig. 60. — **Peroxydation du sulfate de fer.**

B, ballon contenant la solution bouillante de couperose.

t, tube au moyen duquel on verse goutte à goutte l'acide azotique, jusqu'à ce que le dégagement de vapeurs rouges cesse.

A 10 grammes de couperose verte, chauffée à l'ébullition dans un ballon, ajoutons, goutte à goutte, au moyen d'un tube de verre, de l'acide azotique (*fig.* 60). Il se dégage des vapeurs rutilantes dues au bioxyde d'azote, résidu de l'acide azotique décomposé. La liqueur devient d'une couleur brune due au bioxyde d'azote dissous dans le sulfate de protoxyde de fer ; cette réaction est caractéristique. Lorsque les vapeurs rouges cessent de se dégager, la liqueur devient moins foncée, mais garde une teinte de rhum ; tout le sulfate est peroxydé :

$$FeO,SO^3 + 3SO^3,HO + AzO^5,HO =$$
$$3Fe^2O^3,3SO^3 + 4HO + AzO^2$$

Ajoutons à la liqueur 10 grammes de sulfate d'ammoniaque ; et, après solution, versons le liquide dans une assiette : nous obtiendrons, par refroidissement, des cristaux octaédriques d'un beau violet clair, contenant vingt-quatre équivalents d'eau.

$$Fe^2O^3,3SO^3 + AzH^4O,SO^3 + 24HO$$

L'alun ordinaire a la même forme cristalline et contient le même nombre d'équivalents d'eau, aussi désigne-t-on le produit ci-dessus sous le nom d'alun de fer ammoniacal.

En remplaçant dans cette préparation le sulfate d'ammoniaque par le sulfate de potasse, on obtiendrait de l'alun de fer et de potasse (sulfate ferrico-potassique). Lorsque les premiers cristaux ont été obtenus, on peut concentrer les eaux mères et les soumettre à une nouvelle cristallisation.

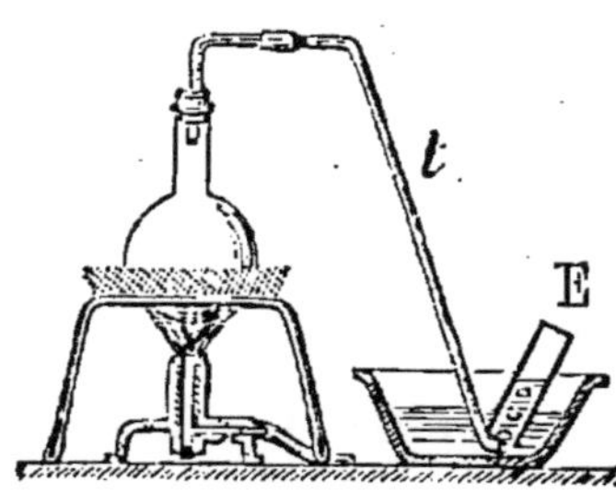
Fig. 61. — **Préparation du sulfate de manganèse.**

De l'oxygène se dégage par le tube *t* dans l'éprouvette E.

62. Expériences sur le manganèse. — A 20 grammes de bioxyde de manganèse, ajoutons 10 ou 15 grammes d'acide sulfurique et mélangeons-le tout de manière à faire une pâte homogène. Introduisons cette pâte dans un ballon (*fig.* 61), et chauffons doucement ; la moitié de l'oxygène du bioxyde de manganèse se dégage :

$$MnO^2 + HO,SO^3 =$$
$$MnO,SO^3 + HO + O$$

Lorsque le dégagement du gaz cesse, on laisse refroidir le ballon, puis on ajoute un peu d'eau et l'on remue le tout. En filtrant la masse obtenue, on obtient un liquide rougeâtre qui abandonne des cristaux plus ou moins rosés de sulfate de manganèse.

Dans les eaux mères, il y a souvent du sulfate de sesquioxyde de formé ; il est plus rose que le premier. Si l'on ajoute à la liqueur du carbonate de potasse, il se forme un sel double.

Le chlorure de manganèse cristallise en tablettes rectangulaires d'un beau rose, dont la formule est $(MnCl + 4HO)$. Il s'obtient impur, en grande quantité, comme résidu de la fabrication du chlore.

On peut l'obtenir pur de la manière suivante :

On chauffe, à 2 ou 300 degrés, un mélange de deux parties de bioxyde de manganèse, préalablement lavé à l'acide chlorhydrique pour le débarrasser des sels terreux, et une partie de sel ammoniac (AzH^4Cl). L'ammoniaque se volatilise, le fer existant dans le manganèse se peroxyde et devient insoluble, et l'on retire le chlorure par un lavage.

Mêlons intimement 20 grammes de bioxyde de manganèse en poudre et 10 grammes de sel ammoniac également en poudre ; plaçons le mélange, dans une coupelle, sur le feu (*fig.* 62). Lorsque le dégagement d'ammoniaque aura cessé, nous traiterons par l'eau bouillante. Le liquide filtré, concentré par évaporation jusqu'à ce qu'une goutte mise sur un corps froid cristallise, laissera déposer par refroidissement des cristaux d'un beau

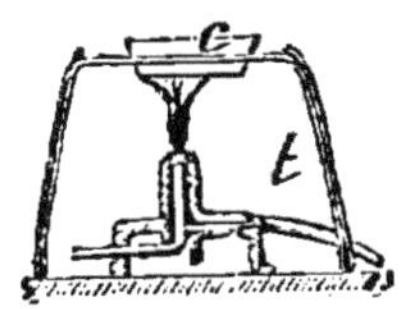

Fig. 62. — **Préparation du chlorure de manganèse.**

f, trépied en fil de fer supportant la coupelle c dans laquelle on a mis

$$MnO^2 + AmCl$$

rose. Les sels de manganèse ne sont roses que s'ils sont hydratés ; anhydres, ils sont blancs.

Si l'on chauffait au rouge, dans un creuset, une partie de bioxyde de manganèse et deux parties de salpêtre : KO,AzO^5, on obtiendrait une matière qui donne avec de l'eau une solution verte de manganate de potasse ; KO,MnO^3.

Cette solution, exposée à l'air, devient violette d'abord, puis rouge ; il s'est formé du permanganate : Mn^2O^7,KO.

ZINC : $Zn = 33$

63. Propriétés du zinc. — Plions une lame de zinc à froid ; elle est cassante ; la lame chauffée à 100 ou 150 degrés est malléable. Si nous chauffons davantage, le zinc redevient cassant ; et, au delà de 200 degrés, on peut le réduire en poudre. A 360 degrés le zinc entre en fusion. Si l'on projette dans l'eau froide, par petites portions, le zinc fondu, en le faisant passer à travers une toile métallique assez fine et rouillée, on obtient de la grenaille de zinc, employée assez fréquemment dans les laboratoires pour la préparation de l'hydrogène.

Les acides attaquent le zinc avec la plus grande facilité ; les alcalis l'attaquent aussi, mais avec une moindre énergie : du carbonate de soude abandonné dans un vase de zinc finit par le trouer.

4

64. Oxyde de zinc. — Dans une petite coupelle de fer, mettons quelques fragments de zinc et chauffons au rouge ; l'expérience réussit bien avec le chalumeau (*fig.* 63). Le zinc se couvre bientôt d'une couche d'oxyde jaune quand il est chaud, redevenant blanc par refroidissement. Si l'on prend une petite portion du métal fondu au bout d'un fil de fer et qu'on le place dans la flamme, le zinc non oxydé prend feu ; en rapportant rapidement le zinc enflammé dans la coupelle, on enflamme la masse, et l'on voit se dégager des

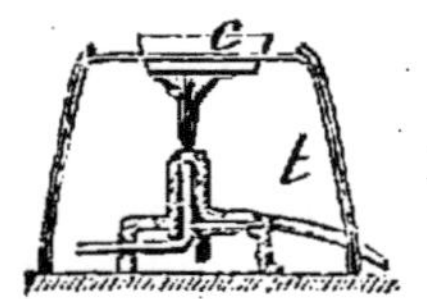

Fig. 63. — **Production de l'oxyde de zinc.**

Le zinc est placé dans la coupelle *c* supportée par le trépied en fil de fer *t* ; on souffle dans le chalumeau intérieur du brûleur.

flocons d'oxyde de zinc semblables aux toiles d'araignée qui flottent quelquefois dans l'air par le beau temps. L'opération faite en grand donne le *blanc de zinc* du commerce.

On peut obtenir de l'oxyde de zinc par la calcination du carbonate, ou la précipitation de l'oxyde par un alcali, la potasse, la soude ou l'ammoniaque ; dans ce dernier cas, le réactif ne doit pas être en excès, car les alcalis dissolvent l'oxyde de zinc.

L'oxyde de zinc est facilement réduit par le charbon. — Mêlons quelques grammes d'oxyde de zinc au $\frac{1}{4}$ en poids de charbon ;

Fig. 64. — **Réduction de l'oxyde de zinc.**

c c' contiennent le mélange d'oxyde de zinc et de charbon ; on chauffe au chalumeau.

plaçons le mélange dans une coupelle de fer (*fig.* 64) ; recouvrons-le d'une autre coupelle destinée à empêcher l'accès de l'air et chauffons au chalumeau ; après avoir maintenu au rouge pendant dix minutes, si nous retirons la coupelle, nous remarquons, dans la masse qu'elle contient, de petits globules brillants de zinc métallique. Lorsqu'on opère en grand, ce zinc se rassemble et peut être coulé en lingots.

Le sulfate de zinc et le chlorure ont été obtenus dans la préparation de l'hydrogène.

65. Zinc amalgamé. — Dans une solution d'un sel de mercure additionnée d'acide chlorhydrique, trempons une lame de zinc ; elle sera décapée par l'acide chlorhydrique et amalgamée par le sel de mercure ; nous la retirerons brillante. Plongeons cette lame dans de l'eau acidulée : elle n'est plus attaquée, et il ne se dégage pas d'hydrogène ; elle est devenue cassante. Si nous jetons dans le verre qui contient l'eau acidulée, un copeau de cuivre ou de fer, l'hydrogène se dégagera sur le copeau si celui-ci touche le zinc.

Fig. 65. — **Propriété du zinc amalgamé.**

f, fil de cuivre planté dans la lame de zinc et sur lequel se dégage l'hydrogène.

L'expérience est frappante si, dans un trou fait dans la lame de zinc, on met un petit fil de cuivre ou de fer (*fig.* 65); on voit l'hydrogène se dégager sur le fil, bien que celui-ci ne soit pas attaqué.

Le zinc ordinaire est impur; c'est sur les particules des métaux étrangers qu'il contient que se dégage l'hydrogène, dans la préparation de ce gaz par le zinc.

Si le contact entre le zinc amalgamé et le métal étranger, a lieu au dehors de l'eau acidulée, l'attaque du zinc a également

Fig. 66. — **Élément de pile.**

E, éprouvette contenant de l'eau acidulée au $\frac{1}{20}$ en volume d'acide sulfurique, et où plongent le zinc amalgamé et le cuivre.

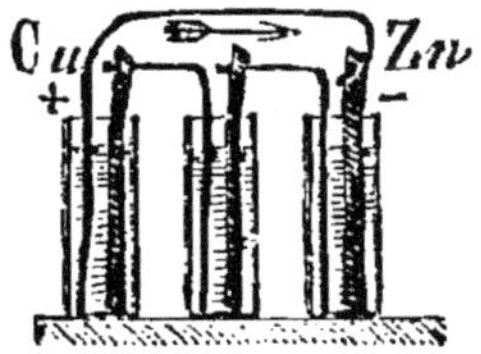

lieu, et le dégagement d'hydrogène ne se fait pas davantage sur le zinc. Si l'on réunit le zinc à un autre métal, le cuivre par exemple, au moyen d'un fil métallique, celui-ci est traversé par un courant électrique et l'appareil ainsi monté (*fig.* 66) s'appelle une pile électrique, ou mieux un élément de pile, En réunissant plusieurs éléments de façon que le zinc de l'un soit attaché au cuivre du suivant, on a une pile (*fig.* 67). Le premier cuivre et le dernier zinc s'appellent les pôles : le cuivre pôle positif (+); le zinc, pôle négatif (—).

Enroulons en hélice un fil de cuivre autour d'un tube de verre, de manière que les spires ne se touchent point ; servons-nous de cette hélice comme conducteur interpolaire de la pile, et plaçons dedans un fil de fer ordinaire (*fig.* 68).

Fig. 67. — **Pile de trois éléments.**

Quand la communication est établie, ce que l'on voit au dégagement d'hydrogène sur le cuivre dans la pile, le courant électrique passe dans la spire et le fil de fer s'aimante ; il attire la limaille de fer ; en rompant la communication, le fer retourne à l'état naturel. Si au lieu de fer doux, on place de l'acier dans la spire, l'aimantation persiste après le passage du courant.

C'est sur l'aimantation et la désaimantation du fer doux produite presque instantanément à de grandes distances, qu'est basée la télégraphie électrique.

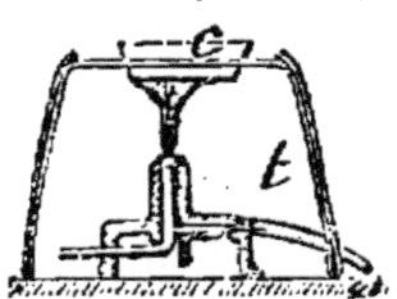

Fig. 68. — **Hélice magnétisante.**

Le fil de fer placé dans l'hélice attire la limaille de fer à ses deux extrémités A et B, lorsque le courant passe.

ÉTAIN : $Sn = 59$

66. Propriétés. — L'étain fond à 230° ; si on le chauffe après fusion dans une coupelle de fer (*fig.* 69), il se couvre d'une matière pulvérulente jaune qui est du bioxyde d'étain : SnO^2 (*potée d'étain*) et qui devient blanche par refroidissement, de même que l'oxyde de zinc. L'oxyde d'étain ainsi obtenu est insoluble dans les acides et infusible ; il sert au polissage des glaces et des métaux ; mêlé au verre, il le rend blanc, opaque. Le charbon réduit facilement l'oxyde d'étain. On s'en assure en répétant avec l'oxyde d'étain l'expérience 64 (*fig.* 70).

Fig. 69. — **Oxydation de l'étain.**

c, coupelle de fer dans laquelle on place l'étain.

t, trépied en fil de fer servant de support.

67. Oxydes d'étain. — Mettons, dans un ballon, quelques grammes de feuilles d'étain, semblables à celles qui enveloppent le chocolat, ajoutons de l'acide azotique et chauffons ; il se dégage des vapeurs rutilantes ; l'étain disparaît et l'on trouve à la place une poudre blanche dont la composition est représentée par la formule $Sn^5 O^{10} + 10 HO$, acide *métastannique*, ce qui équivaut à $(Sn O^2 + 2HO)$ pris 5 fois. Desséché à 100°, il perd la moitié de son eau ; traité par la potasse, il donne $Sn^5 O^{10}, KO, 4HO$.

Fig. 70. — **Réduction d'oxyde d'étain.**

c c' contiennent le mélange d'oxyde d'étain et de charbon.

Reprenons la même expérience, mais au lieu d'acide azotique, employons l'acide chlorhydrique ; si l'on fait arriver de l'air dans le ballon, l'étain se dissout, et l'on obtient du protochlorure $SnCl$. En ajoutant un alcali à la solution nous obtiendrons un précipité blanc de protoxyde d'étain hydraté ; faisons bouillir la solution, l'oxyde abandonne l'eau d'hydratation et l'on a une poudre noire de protoxyde anhydre SnO.

Enfin faisons bouillir l'étain avec de l'acide azotique et de l'acide chlorhydrique (eau régale), l'étain se dissout et l'on a du bichlorure $SnCl^2$. Si l'on ajoute un alcali à la solution, on obtient un précipité d'acide stannique SnO^2,HO, qui se combine à la potasse ou à la soude en donnant : SnO^2,KO ou SnO^2,NaO.

En résumé, l'étain donne deux sortes d'oxyde, le bi et le protoxyde ; ils subissent tous deux trois modifications is riques ; le bioxyde préparé par voie sèche est insoluble dans les acides, peu soluble quand il a été obtenu par l'acide azotique et très soluble au contraire lorsqu'il a été précipité du bichlorure. Le protoxyde précipité du protochlorure est b' et hydraté ; bouilli, il devient noir et anhydre ; on peut i obtenir rouge. Les oxydes au maximum jouent le rôle d'acides ; ils se combinent aux alcalis en donnant des stannates. Les oxydes au minimum ne se combinent pas aux alcalis ; chauffés à l'air, ils brûlent avec incandescence et passent au maximum.

68. Étamage. — Si l'on plonge une lame de fer ou de cuivre bien décapée dans de l'étain fondu, celui-ci y adhère fortement. Le fer-blanc et le cuivre étamé sont obtenus ainsi. On étame quelquefois le laiton par voie humide, mais l'étamage est léger. Mettons dans un ballon de verre quelques grammes de tartre (tartrate de potasse) et de l'étain ; faisons bouillir après avoir placé dans le liquide des fragments (fils, copeaux, etc.) de cuivre ou de laiton ; le tartre dissout l'étain qui se précipite ensuite. Si l'on veut étamer du cuivre, on activera l'opération en ajoutant une lame de zinc. C'est par ce moyen qu'on étame les épingles.

Une plaque de fer-blanc chauffée jusqu'à la fusion de l'étain, refroidie brusquement, et ensuite traitée successivement et à plusieurs reprises, par l'eau régale et la potasse, laisse à nu une surface cristalline d'étain (*moiré métallique*).

PLOMB : Pb = 103,5

69. Propriétés — Dans deux flacons contenant l'un de l'eau distillée ou de l'eau de pluie, l'autre de l'eau ordinaire (eau calcaire), mettons du plomb brillant, de petits copeaux obtenus en raclant du plomb avec un couteau, puis abandonnons pendant quelques jours. Les copeaux auront perdu leur éclat ; mais tandis que l'eau du premier flacon sera devenue trouble, et contiendra du plomb en solution, celle du second sera claire et exempte de sel de plomb ; l'acide sulfurique donnera un précipité blanc de sulfate de plomb dans la première eau et ne produira rien dans la seconde.

70. Oxydes de plomb. — Dans une petite coupelle de fer (fig. 71), chauffons 5 ou 6 grammes de plomb. Après fusion, il se recouvrira d'une couche de sous oxyde Pb^2O en laquelle il se transforme ensuite tout entier. Continuons à chauffer en remuant avec un fil de fer : la couleur de la masse change, elle devient jaune plus ou moins orangée ; il s'est formé de l'oxyde PbO qu'on appelle *massicot*, ou, quand il a subi un commencement de fusion, *litharge*.

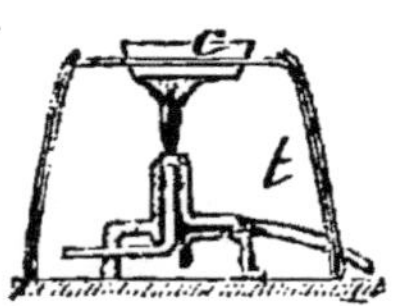

Fig. 71. — **Oxydation du plomb.** Le métal est placé dans la coupelle *c* supportée par le trépied *t*.

En continuant de chauffer la litharge, une nouvelle quantité d'oxygène se fixe, et l'on obtient un produit rouge, le *minium* Pb^3O^4 qui peut être considéré comme un sel (oxyde salin) $PbO^2,2PbO$. L'oxydation est longue, mais nous pouvons l'effectuer plus rapidement en ajoutant à la litharge un corps fournissant de l'oxygène, le chlorate de potasse. 3 ou 4 grammes de ce sel suffiront pour oxyder la litharge obtenue. On lave pour enlever KCl.

On peut obtenir le minium par la calcination de la céruse ; le produit obtenu se nomme *mine-orange*.

En traitant du minium en suspension dans l'eau, par l'acide azotique, l'oxyde salin se dédouble ; PbO se combine à l'acide azotique pour former de l'azotate de plomb, et PbO^2 (acide plombique insoluble), se précipite ; c'est une poudre brune à laquelle sa couleur a fait donner le nom d'*oxyde puce*. Les oxydes de plomb se réduisent facilement par le charbon et l'on

Fig. 72. — Réduction de l'oxyde de plomb par le charbon.
Le mélange est contenu dans la coupelle *c'* que l'on recouvre par *c* pour empêcher l'action de l'air.

peut répéter avec eux l'expérience indiquée pour le zinc et l'étain (*fig.* 72).

71. Sels de plomb. — L'azotate de plomb peut être obtenu en attaquant à chaud, dans un ballon de verre, le plomb métallique ou la litharge, par l'acide azotique ; dans le premier cas, il se dégage des vapeurs rouges qu'on absorbe dans l'eau (45).

Le sulfate de plomb s'obtient par double décomposition. Exemple :

$$PbO,AzO^5 \ + \ NaO,SO^3 \ = \ NaO,AzO^5 \ + \ PbO,SO^3$$

Azotate de plomb.   Sulfate de soude.   Azotate de soude.   Sulfate de plomb.

il est insoluble.

Le chlorure de plomb est assez soluble dans l'eau chaude. Pour l'obtenir, il suffit de faire bouillir de la litharge avec de l'acide chlorhydrique.

En chauffant dans la coupelle de fer (*fig.* 72), un mélange de 10 grammes de litharge et 1 gramme de sel ammoniac, (AzH^4Cl) on obtient un oxychlorure connu sous le nom de *jaune minéral, jaune de Turner*, de *Vérone*, de *Cassel*, etc., et employé en peinture.

Le chromate de plomb ou *jaune de chrome*, s'obtient en traitant une solution d'un sel de plomb par du chromate neutre de potasse :

$$PbO,AzO^5 \ + \ KO,CrO^3 \ = \ KO,AzO^5 \ + \ PbO,CrO^3$$

Azotate de plomb.   Chromate de potasse.   Azotate de potasse.   Chromate de plomb.

Ce composé est employé en teinture et surtout en peinture.

L'iodure de plomb PbI s'emploie dans la fabrication des fleurs artificielles ; on l'obtient comme les précédents par double décomposition.

$$PbO,AzO^5 \ + \ KI \ = \ KO,AzO^5 \ + \ PbI$$

Azotate de plomb.   Iodure de potassium.   Azotate de potasse.   Iodure de plomb.

72. Céruse. — Ce corps est du carbonate de plomb PbO,CO^2 ; on peut l'obtenir par double décomposition.

$$PbO,AzO^5 \;+\; NaO,CO^2 \;=\; NaO,AzO^5 \;+\; PbO,CO^2$$

Azotate de plomb.	Carbonate de soude.	Azotate de soude.	Carbonate de plomb.

Ce moyen n'est pas employé dans l'industrie ; on a recours à l'acétate de plomb saturé d'oxyde, que l'on obtient en dissolvant le plomb ou la litharge dans le vinaigre (acide acétique $C^4H^3O^3,HO$) et que l'on précipite ensuite par l'acide carbonique gazeux.

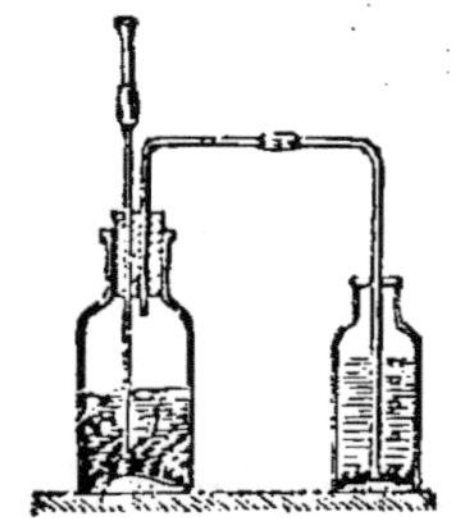

Fig. 73. — Préparation de la céruse.

Mettons 5 grammes de litharge dans un ballon et ajoutons du vinaigre de façon que, après avoir chauffé, il reste un peu de litharge non dissoute ; filtrons la liqueur après l'avoir étendue d'eau, et faisons passer dedans un courant d'acide carbonique (*fig.* 73) : **il se précipitera de la céruse.**

CUIVRE : $Cu = 31,75$

73. Propriétés. — Le cuivre est un métal rouge qui s'obtient ordinairement par des grillages successifs de la pyrite ou sulfure de cuivre ; on trouve aussi le cuivre à l'état natif. Il ne s'altère pas à l'air sec et froid. Sous l'action de l'air humide, il se couvre d'une mince couche verdâtre (bronze antique) qui le préserve d'une plus profonde altération.

Mettons dans une petite coupelle de fer quelques fragments de cuivre et chauffons au rouge (*fig.* 87); le métal se recouvre d'une couche noire d'oxyde. Triturons le métal avec un corps dur, l'oxyde se détache et le métal continue à s'oxyder.

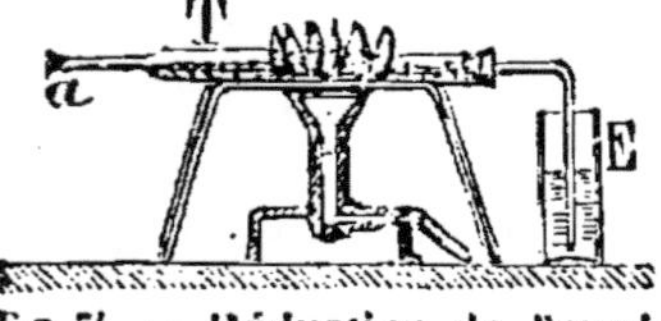

F.g. 74. — Réduction de l'oxyde par le charbon.

T, tube à réaction contenant CuO et C.
A, bout d'agitateur fermant le tube.
E, éprouvette où l'on recueille CO² dans de l'eau de chaux.

Mêlons la poudre noire obtenue à 1/5 de son poids de charbon et chauffons dans un tube en verre vert (*fig.* 74), un tube en verre ordinaire serait fondu ; il se dégage de l'acide carbonique qui trouble l'eau de chaux et le cuivre métallique apparaît avec sa couleur rouge sur les parois chauffées du tube de verre : l'oxyde de cuivre a été réduit. Il est facilement réduit aussi par l'hydrogène.

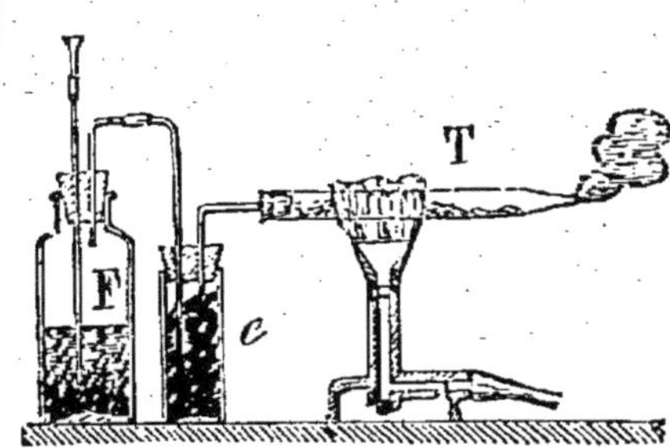

Fig. 75 — Réduction de l'oxyde de cuivre par l'hydrogène.

F, flacon producteur d'hydrodène;
e, éprouvelte desséchante;
T, tube à réaction contenant CuO,

Mettons l'oxyde de cuivre dans un tube disposé comme l'indique la *fig.* 75; lorsque l'appareil qui fournit l'hydrogène est purgé d'air, on chauffe le tube; il se dégage de la vapeur d'eau, et le cuivre, comme dans l'expérience précédente, apparaît avec son éclat métallique sur les parois du tube.

Les sels de cuivre sont réduits par le fer. Une lame de fer plongée dans une solution même très étendue d'un sel de cuivre, devient rouge ; elle se couvre du cuivre que le fer à déplacé. C'est un moyen de reconnaître et d'éliminer le cuivre des substances alimentaires préparées dans des vases de cuivre ou additionnées de sels de cuivre.

74. Oxydes de cuivre. — Il en a deux Cu^2O et CuO ; c'est ce dernier qu'on a obtenu dans l'expérience précédente. On l'obtiendrait également en calcinant du carbonate ou de l'azotate de cuivre ; enfin on peut le préparer par voie humide.

Or une dissolution d'un sel de cuivre placé dans un ballon, ajoutons de la potasse ou de la soude ; il se forme un précipité gélatineux bleu verdâtre : c'est de l'oxyde hydraté, CuO,HO. Faisons bouillir le précipité, il devient noir en perdant son eau d'hydratation, on a CuO. Si l'on substitue l'ammoniaque à la potasse ou à la soude ; l'oxyde se précipite tout d'abord, puis se redissout dans un excès de réactif ; on obtient une liqueur d'un beau bleu céleste l'ammoniure de cuivre.

On peut obtenir Cu^2O en poudre rouge, en traitant du sulfate de cuivre par du tartrate de potasse et du sucre incristallisable, le tout en solution.

75. Sulfure et sulfate de cuivre. Dans une dissolution d'un sel de cuivre, du sulfate par exemple, faisons passer un courant d'acide sulfhydrique en employant la disposition qu'indique la *figure* 76. Il se forme un précipité noir de sulfure de cuivre ; recueillons ce précipité sur un filtre, exposons-le à l'air

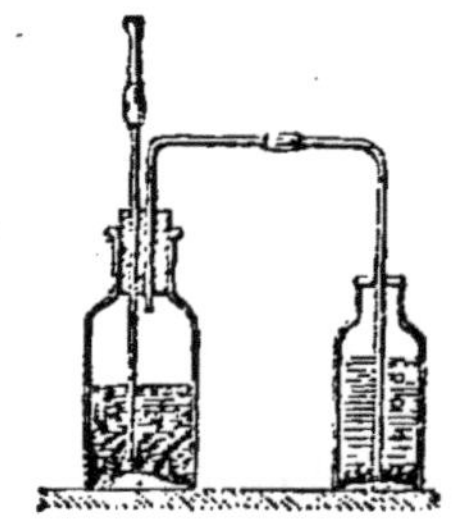

Fig. 76. — **Précipitation du cuivre à l'état de sulfure.**

comme nous l'avons fait pour l'oxyde de fer ; et abandonnons-le ainsi pendant plusieurs jours. Si nous le reprenons ensuite par l'eau, nous remarquerons qu'il est devenu soluble, puis qu'il communique à l'eau une teinte bleue ; il s'est formé du sulfate de cuivre semblable à celui qui avait été employé d'abord. Voici les réactions qui se sont produites :

$$CuO,SO^3 \quad + \quad HS \quad = \quad HO,SO^3 \quad + \quad CuS$$

Sulfate de cuivre,   Acide Sulfhydrique,   Acide sulfurique,   Sulfure de cuivre,

puis à l'air :

$$CuS \quad + \quad O^4 \quad + \quad nHO \quad = \quad CuO,SO^3 + nHO$$

Sulfure de cuivre.   Oxygène de l'air.   Sulfate de cuivre en dissolution

On a vu que le cuivre est attaqué par l'acide sulfurique ; que celui-ci est décomposé, et non l'eau, comme cela a lieu pour le fer et le zinc.

Le sulfate de cuivre cristallisé ou **vitriol bleu** a pour formule $Cu\,O, SO^3 + 5\,HO$. Il est souvent mêlé à du sulfate de fer (vitriol de Saltzbourg) ou à du sulfate de zinc (vitriol de Chypre).

Le cuivre humecté exposé à l'air se couvre d'une couche d'hydro carbonate (vert-de-gris).

ALCALIS ET SELS ALCALINS

76. Potasse. — La potasse existe en quantité notable dans les cendres des végétaux terrestres, combinée à l'acide carbonique formé pendant la combustion.

Si l'on met dans une marmite de fonte des cendres et de l'eau, de manière à faire une bouillie claire, le carbonate de potasse se dissout surtout à chaud. Le liquide filtré ou décanté, et évaporé jusqu'à dessiccation complète laisse un résidu (*salin*) riche en carbonate de potasse.

On désigne, dans le commerce, sous le nom de potasses, des carbonates de potasse plus ou moins purs. On emploie pour les préparer, outre les cendres, l'eau de lavage des laines en *suint*, et les vinasses de betteraves.

77. Soude. — Le carbonate de soude se prépare artificiellement en chauffant au rouge un mélange de deux parties de sulfate de soude, deux parties de craie et une partie en poids de charbon.

Le mélange intime est chauffé au rouge pendant plusieurs heures, et le résidu lavé à l'eau bouillante abandonne à celle-ci le carbonate de soude qu'on fait cristalliser (*cristaux de soude*) ou qu'on évapore à siccité (*sel de soude*).

L'opération peut-être faite en petit, en mettant dans un poêle à houille ou à coke un creuset rempli du mélange indiqué.

On prépare aussi la soude en faisant réagir, sur du sel marin en solution, de l'ammoniaque et de l'acide carbonique. Réaction :

$$NaCl \quad + \quad HO \quad + \quad 2CO^2 \quad + \quad AzH^4O \quad =$$

$$\text{Sel marin.} \qquad \text{Eau.} \qquad \text{Acide carbonique.} \qquad \text{Ammoniaque.}$$

$$NaO,HO,2CO^2 \quad + \quad AzH^4Cl$$

$$\text{Bicarbonate de soude.} \qquad \text{Sel ammoniac.}$$

Le sel ammoniac est ensuite retransformé par la chaux en ammoniaque qui rentre dans la fabrication, et en chlorure de calcium qui est rejeté.

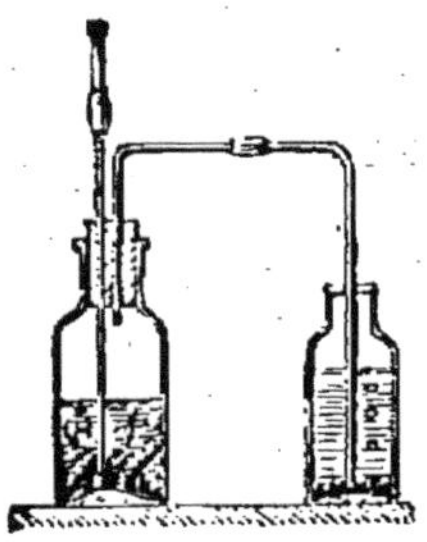

A une dissolution d'eau salée saturée, ajoutons le quart de son volume d'ammoniaque, puis faisons barboter dans la liqueur un courant d'acide carbonique. Il se formera de petits cristaux transparents de bicarbonate de soude qui perdront par calcination un équivalent

Fig. 77. — **Préparation du carbonate de soude** (procédé à l'ammoniaque).

d'acide carbonique, et deviendront du carbonate ordinaire : c'est la soude Solvay.

78. Potasse et soude caustique. — Si l'on ajoute un lait de chaux à une solution de carbonate de potasse ou de soude, il se forme de la craie et de l'alcali caustique :

$$NaO,CO^2 \ + \ CaO,HO \ = \ CaO,CO^2 \ + \ NaO,HO$$

Soude du commerce.   Chaux.   Craie.   Soude caustique.

Mettons dans une marmite de fonte (*fig.* 78) 50 grammes de carbonate de soude, et de l'eau en excès soit un demi-litre ; après la dissolution, ajoutons un lait de chaux, c'est-à-dire une bouillie faite d'eau et de chaux éteinte, et contenant environ 15 grammes de chaux vive, si l'on a employé des cristaux de soude ; il faut une quantité de chaux plus grande si l'on a employé du sel de soude ; le poids de chaux éteinte CaO,HO doit être à peu près égal à celui de la soude caustique du carbonate, ainsi que l'indique le calcul des équivalents de la formule ci-dessus. Lorsque la liqueur claire, c'est-à-dire décantée ou filtrée, ne fait plus effervescence par les acides, la réaction est terminée ; s'il y avait effervescence, on ajouterait de la chaux. En effet, ce sont les carbonates qui moussent par les acides, le liquide clair ne pouvant contenir que le carbonate soluble, c'est-à-dire le carbonate alcalin et non la craie, si l'effervescence n'est pas produite par un acide versé dans le liquide clair, c'est une preuve que celui-ci ne contient plus de carbonate : d'où le carbonate alcalin est totalement décomposé et la réaction achevée.

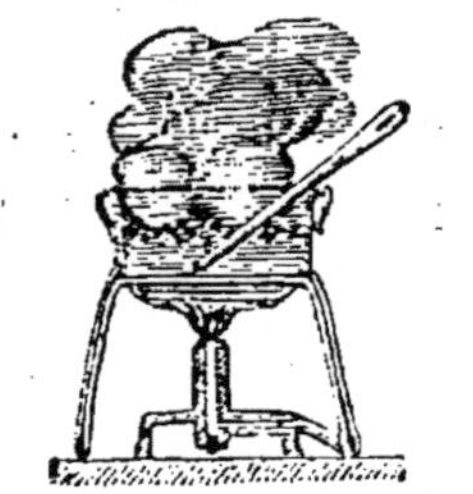

Fig. 78. — Préparation de la potasse ou de la soude caustique.

Mettons dans un tube à essai un peu de l'alcali obtenu et quelques flocons de laine ; ils disparaîtront totalement si l'on fait bouillir la liqueur.

Un fragment d'étoffe laine et coton, pesé d'avance et après dessiccation, introduit dans la lessive alcaline est en partie détruit ; la laine est dissoute, et le coton reste intact. Si l'on recueille celui-ci, on pourra, après lavage à l'eau, le dessécher le peser, et déterminer ainsi la proportion de coton, de lin, de chanvre contenue dans l'étoffe ; par différence, on aura la proportion de laine, de soie.

De ce qui précède, il résulte qu'on ne devra pas employer de lessive alcaline caustique pour le traitement de la laine ou

de la soie. Les carbonates neutres employés à faible dose
sont sans action sensible sur les fibres d'origine animale.

**79. Actions du soufre, de ses acides et du chlore sur les
alcalis.** — Dans l'expérience 34, on a obtenu du sulfite de soude ;
dans l'expérience 51, du sulfate. On obtiendrait les mêmes
produits en faisant agir les acides sulfureux et sulfurique sur
l'alcali caustique.

Dans une dissolution chaude et concentrée de sulfite de soude,
ajoutons de la fleur de soufre, elle se dissout ; mettons du
soufre en excès et filtrons. Par évaporation et par refroidissement de la liqueur, nous obtiendrons des cristaux d'hyposulfite de soude $NaO,S^2O^2 + 5HO$. Ce sel s'emploie en photographie : il dissout les sels d'argent qui n'ont pas été
transformés par la lumière.

En faisant passer un courant d'hydrogène sulfuré dans une
solution de potasse, on obtient un sulfure double d'hydrogène
et de potassium.

$$KO,HO + 2HS = 2HO + KS,HS$$

Si l'on ajoute une quantité de potasse égale à la première
employée, on a du protosulfure de potassium KS qu'on peut
faire cristalliser.

$$KS,HS + KO,HO = 2KS + 2HO$$

Les mêmes réactions sont obtenues avec la soude, et l'ammoniaque. Le charbon décompose les sulfates par une action
réductrice. Si l'on mêle du sulfate de potasse ou de soude sec
à la moitié de son poids de charbon, et qu'on chauffe à l'abri
de l'air, le sulfate perd son oxygène ; il reste un sulfure qui
s'enflamme parfois spontanément
quand on le projette dans l'air :
c'est un pyrophore.

Le potassium et le sodium peuvent se combiner à une proportion
plus grande de soufre et donner
KS^5 et NaS^5.

Fig. 79 — Préparation du
foie de soufre.

Mettons, dans une coupelle en fer
(*fig.* 79), 5 grammes de carbonate de potasse et autant de
soufre, couvrons d'une coupelle de terre et chauffons : l'acide

carbonique se dégage, et il reste une matière brune qui est le foie de soufre ou pentasulfure de potassium impur.

Le foie de soufre est décomposé par les acides, même les plus faibles ; en mettant un petit fragment de foie de soufre dans de l'eau contenant de l'acide carbonique, l'eau devien jaune et dégage une odeur d'œufs pourris.

Voici ce qui se passe :

$$KS^5 \quad + \quad HO \quad + \quad CO^2 \quad = \quad KO,CO^2 \quad + \quad HS \quad + \quad S^4$$

| Pentasulfure de potassium. | Eau. | Acide carbonique. | Carbonate de potasse. | Acide sulfurique. | Soufre. |

Les sels de l'eau ordinaire suffisent pour produire la décomposition. Le foie de soufre est employé pour les bains de Barrèges artificiels.

On a obtenu des hypochlorites dans l'expérience indiquée *fig.* 49. Si la solution du carbonate alcalin ou d'alcali est concentrée, il se produit du chlorate.

Réactions :

$$2KO,HO \quad + \quad 2Cl \quad = \quad KCl \quad + \quad KO,ClO \quad + \quad 2HO$$

| Potasse caustique. | Chlore. | Chlorure de potassium. | Hypochlorite de potasse. | Eau. |

$$2KO,CO^2 \quad + \quad 2Cl \quad = \quad KCl \quad + \quad KO,ClO \quad + \quad 2CO^2$$

Si la solution est concentrée, on a :

$$6KO,CO^2 \quad + \quad 6Cl \quad = \quad 5KCl \quad + \quad KO,ClO^5 \quad + \quad 6CO^2$$

Les chlorures se trouvent à l'état naturel.

80. **Salpêtre.** — Il se forme dans la nature lorsque l'ammoniaque se trouve en présence d'un alcali au contact de l'oxygène dans un corps poreux (125)

On peut transformer facilement l'azotate de soude en azotate de potasse par le chlorure de potassium.

$$NaO,AzO^5 \quad + \quad KCl \quad = \quad KO,AzO^5 \quad + \quad NaCl$$

| Salpêtre du Pérou. | Chlorure de potassium. | Salpêtre ordinaire. | Sel marin. |

Dans de l'eau bouillante, faisons dissoudre, jusqu'à satura-

tion, du chlorure de potassium. Faisons dissoudre dans les
mêmes conditions de l'azotate de soude. Mêlons les deux solutions bouillantes dans les proportions de quatre parties en
volume de la première pour une partie de la seconde, puis
laissons refroidir. Le sel marin qui se forme étant à peu près
aussi soluble dans l'eau froide que dans l'eau chaude restera
en solution, tandis que le salpêtre cristallisera en grande
partie.

Les cristaux obtenus pourront être purifiés par de nouvelles
cristallisations.

Si l'on concentrait les eaux mères, il se déposerait du sel
pendant la concentration, puis du salpêtre pendant le refroidissement.

Le salpêtre, qui fuse sur les charbons ardents (42), peut
être décomposé par la chaleur seule; il se dégage de l'oxygène.

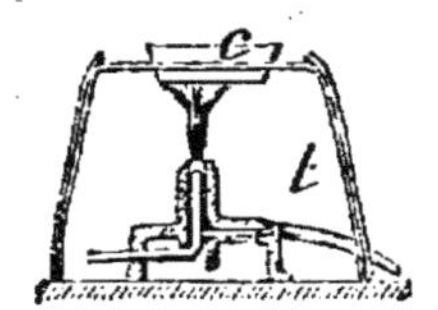

Fig. 80. — Décomposition du salpêtre par un métal.

L'opération se fait dans un tube de verre ou de terre. Les métaux sont rapidement attaqués au rouge par le salpêtre. Chauffons, dans une coupelle de fer ou mieux de terre (*fig.* 80), deux parties de limaille de fer mêlées à une partie de salpêtre; le mélange devient quelquefois incandescent; il se forme de la rouille qui reste avec la potasse et de l'azote se dégage; c'est un moyen de préparer la potasse caustique.

81. Cyanures et prussiates. — Le cyanogène se combine au potassium, et donne un composé très vénéneux, le
cyanure de potassium KCy.

La combinaison s'effectue au rouge lorsqu'on projette dans
de la potasse fondue des matières animales azotées, telles que
débris de cuirs, corne, sang desséché. Si l'on opère en présence du fer, celui-ci entre dans la combinaison, et l'on a du
prussiate jaune de potasse qui peut être considéré comme un
cyanure double de fer et de potassium :

$$FeCy,2KCy + 3HO = K^3FeCy^3 + 3HO.$$

En enlevant un équivalent de potassium à deux équivalents
de prussiate jaune, on obtient du prussiate rouge qui peut se

formuler $$Fe^2Cy^3,3KCy \text{ ou } K^3Fe^2Cy^6.$$

Voici la réaction :

$$K^2FeCy^3 \atop K^2FeCy^3 \quad + \quad Cl \quad = \quad K^3 {FeCy^* \atop FeCy^3} \quad + \quad KCl$$

Prussiate jaune.   Chlore.   Prussiate rouge.   Chlorure
                                                              de potassium.

Faisons dissoudre 10 grammes de prussiate jaune dans un demi-décilitre d'eau ; faisons passer dans la solution un courant de chlore jusqu'à refus (*fig.* 81), puis ajoutons du carbonate de potasse pour rendre la liqueur alcaline. Si l'on concentre ensuite la solution, et si l'on abandonne à la cristallisation, on obtiendra des cristaux d'un beau rouge grenat de cyanure rouge ou prussiate rouge.

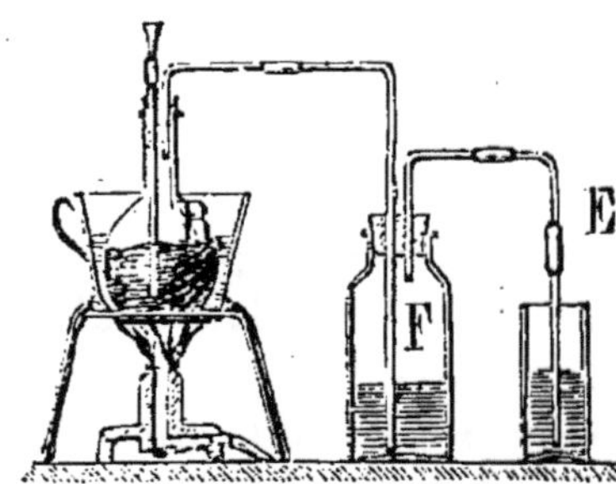

Fig. 81. — **Préparation du prussiate rouge.**

B, ballon générateur du chlore;
F, flacon contenant la solution de prussiate jaune;
E, éprouvette contenant un lait de chaux, destiné à absorber l'excès de chlore.

Les prussiates précipitent les sels de fer en bleu (96); le prussiate jaune s'appelle cyanoferrure de potassium, le rouge, cyanoferride.

Un grand nombre de sels métalliques précipitent par les prussiates ; leurs métaux remplacent le potassium.

Exemple :

A une solution, même très étendue, de sulfate de cuivre, ajoutons du prussiate jaune ; il se forme du cyanoferrure de cuivre de couleur brun marron.

$$K^2FeCy^3 \quad + \quad 2CuO,SO^3 \quad = \quad Cu^2FeCy^3 \quad + \quad 2KO,SO^3$$

Prussiate jaune.   Sulfate de cuivre.   Cyanoferrure   Sulfate
                                                de cuivre.   de potasse.

82. Ammonium. — L'ammoniaque hydratée

$$(AzH^3,HO = AzH^4O),$$

se comporte comme la potasse KO ou la soude NaO ; c'est un *alcali* énergique et *volatil*.

L'azote et l'hydrogène, qui entrent dans sa constitution (AzH^4) jouent le rôle d'un métal, et son oxyde AzH^4O se combine à l'eau, aux acides, etc., comme les oxydes du potassium et du sodium.

Les oxydes

KO,HO,   NaO,HO   et   AzH⁴O,HO,

les sulfates

KO,SO³,   NaO,SO'   et   AzH⁴O,SO³,

les azotates

KO,AzO⁵   NaO,AzO⁵   et   AzH⁴O,AzO ,

les chlorures

KC*l*   NaC*l*   et   AzH⁴C*l*, etc.,

présentent en effet la plus grande analogie.

On n'a pas pu jusqu'ici isoler l'ammonium AzH⁴, mais on connaît son amalgame.

Dans un tube à essai bien sec, mettons quelques grammes de mercure et un petit fragment de sodium, chauffons doucement, le sodium disparaît et la réaction est accompagnée d'une production de lumière (*fig*. 82). Pour éviter les projections, il est bon de mettre le sodium en plusieurs fois. Par refroidissement, si le mercure n'est pas en trop grand excès, l'amalgame cristallise. Versons dans un verre cet amalgame mêlé au mercure en excès ; ajoutons une solution concentrée de chlorhydrate d'ammoniaque, et agitons, avec une baguette de verre : la masse augmente considérablement de volume, et on a une matière de consistance butyreuse dont la composition est représentée par AzH⁴Hg. Elle se détruit rapidement en se transformant en ammoniaque et hydrogène qui se dégagent, et en mercure qui reste.

Voici la réaction de la préparation :

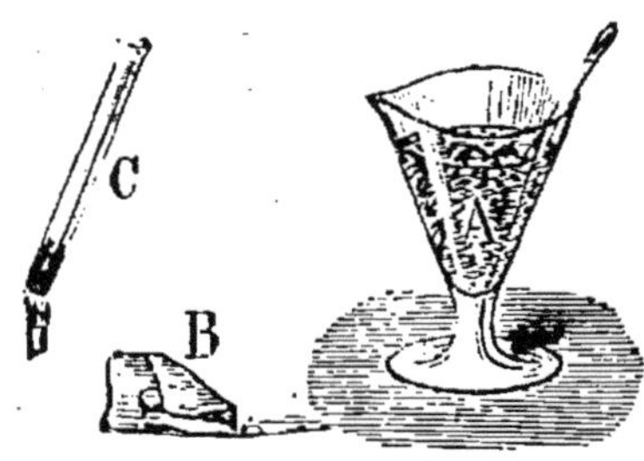

82 — Amalgame d'ammonium.

On enlève à un fragment de sodium l'huile de naphte qui le recouvre, au moyen d'un papier buvard B ; en C, on produit l'amalgame de sodium ; en A, celui d'ammonium.

$$NaHg \quad + \quad AzH^4Cl \quad = \quad AzH^4Hg \quad + \quad NaCl$$

Amalgame, de sodium   Chlorure d'ammonium.   Amalgame d'ammonium.   Chlorure de sodium.

83. Azotate, sulfate et chlorhydrate d'ammoniaque. — En faisant passer un courant de gaz ammoniac, préparé comme il a été dit (35), dans de l'eau contenant de l'acide azotique, il se forme de l'azotate d'ammoniaque. En remplaçant l'acide azotique par l'acide sulfurique, on obtient du sulfate. L'acide chlorhydrique donne du chlorhydrate, etc. Il ne faudrait pas mêler de l'ammoniaque et de l'acide sulfurique non étendus on s'exposerait à des accidents ; l'action est tellement vive qu'il y a déflagration et projection du liquide.

Fig. 83. — **Préparation des sels ammoniacaux.**

B, ballon producteur du gaz ammoniac ;
F, flacon vide où arrive le gaz ammoniac ;
F', contient l'eau acidulée ;
V, arrête les dernières traces d'ammoniaque.

La dissolution acide est placée dans un vase contenant de l'eau froide (*fig*. 83), et l'on cesse de faire passer l'ammoniaque, lorsque la solution placée dans le verre qui termine l'appareil ne rougit plus le tournesol ou lorsqu'on perçoit l'odeur de l'ammoniaque qui se dégage. En concentrant les liqueurs obtenues jusqu'à ce qu'une goutte mise sur un corps froid se solidifie partiellement, et en laissant refroidir, on obtient des cristaux qu'on purifie par de nouvelles cristallisations : ils sont anhydres.

On purifie souvent le chlorure d'ammonium par sublimation ; à cet effet on chauffe le sel ammoniac impur dans un vase recouvert d'un autre vase dont le fond est tourné vers le haut, ou dans de grands ballons de verre qu'on brise ensuite pour retirer le sel purifié.

Plaçons quelques grammes de sel ammoniac dans une coupelle de terre ; recouvrons d'un entonnoir et chauffons : le chlorhydrate d'ammoniaque se volatilise et vient se condenser contre les parois relativement froides de l'entonnoir (*fig*. 84). Le sel ammoniac dissout certains oxydes métalliques en les transformant en chlorures volatils, c'est pourquoi on l'emploie pour

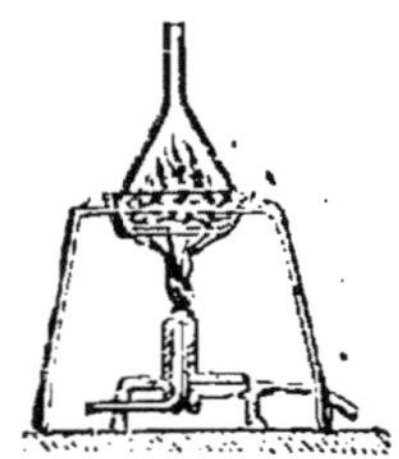

Fig. 84. — **Sublimation du sel ammoniac.**

décaper les métaux que l'on veut souder.

84. Carbonates d'ammoniaque. — En faisant passer un courant d'acide carbonique dans de l'ammoniaque ordinaire étendue de trois fois son volume d'eau ou mieux dans une solution de carbonate d'ammoniaque du commerce ; on obtient un composé cristallin de bicarbonate d'ammoniaque

$$AzH^4O,HO,2CO^2.$$

Chauffons dans une cornue disposée comme l'indique la

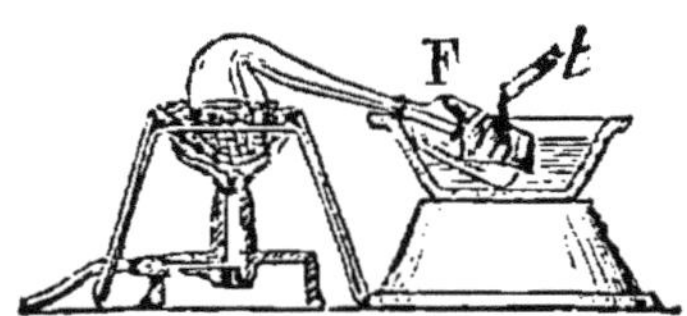

Fig. 85. — **Préparation du carbonate d'ammoniaque.**

F, flacon que l'on maintient froid, en versant de l'eau au moyen d'un tube *t*.

fig. 85, un mélange de deux parties de sulfate ou de chlorhydrate d'ammoniaque, et une partie de craie en poudre ; il se formera des vapeurs qui viendront se condenser dans le col de la cornue et dans le flacon froid ou. la cornue débouche. Cette expérience peut être faite plus simplement en employant la disposition (*fig.* 84). Le sel obtenu a pour formule $(AzH^4O)^2,HO,3CO^2$.

C'est le *sel volatil d'Angleterre* appelé aussi *esprit de corne de cerf*, employé pour obtenir des pâtisseries légères et poreuses. Il est le seul sel minéral qui ait une odeur : il abandonne à l'air une partie de son ammoniaque, et il se transforme en bicarbonate.

85. Sulfhydrate d'ammoniaque. — En faisant passer dans

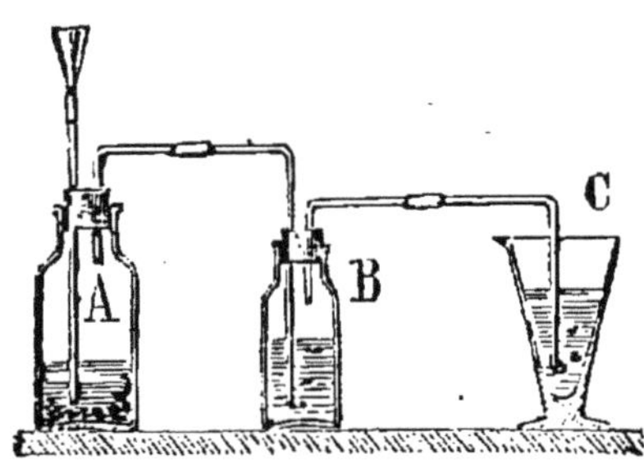

Fig. 86. — **Préparation du sulfhydrate d'ammoniaque.**

A, producteur de l'hydrogène sulfuré ;
B, contient l'ammoniaque ;
C, un lait de chaux absorbant l'excès de HS.

de l'ammoniaque un courant d'hydrogène sulfuré (*fig.* 86), il se forme d'abord du sulfhydrate d'ammoniaque, ayant pour formule AzH^4S.

$$AzH^4O + HS = HO + AzH^4S$$

Si l'on continue l'action du courant gazeux jusqu'à refus, il se forme AzH^4S,HS, sulfure double d'ammonium et d'hydrogène. En mêlant ce dernier à un volume d'ammoniaque égal à celui primitivement employé, on obtient le sulfhydrate ordinaire AzH^4S, employé fréquemment dans les laboratoires comme réactif.

Au contact de l air, il se décompose lentement, jaunit d'abord puis devient incolore et laisse un dépôt de soufre.

MÉTAUX TERREUX

86. Chaux. — En plaçant dans un poêle quelques morceaux de craie, de manière à les porter au rouge, sous l'influence de la chaleur, la craie perd son acide carbonique; il reste de la chaux vive. Elle se combine avec les acides, mais sans effervescence, puisqu'il n'y a plus d'acide carbonique.

Trempons un morceau de chaux vive dans l'eau pendant une minute, puis abandonnons-le (4). L'eau absorbée par les pores de la chaux se combine à celle-ci; la température s'élève, la chaux se délite et tombe en poussière; cette chaux est dite chaux éteinte.

Faisons une pâte avec cette chaux et de l'eau, étendons-la sur une pierre, et abandonnons à l'air; au bout de quelques jours, la pâte sera durcie, et elle fera de nouveau effervescence par les acides; elle est devenue du carbonate de chaux en s'emparant de l'acide carbonique de l'air. Si la pâte a été placée entre deux pierres, celles-ci adhèrent fortement.

87. Plâtre. — En traitant une dissolution d'un sel de chaux par de l'acide sulfurique (25), on obtient du plâtre. Si l'on chauffe dans une marmite de fonte du plâtre jusqu'à ce qu'il ne se dégage plus de vapeur d'eau, on obtient du plâtre *cuit*.

Le plâtre naturel ou *cru* perd, par cette opération, environ le $\frac{1}{5}$ de son poids; de $CaO,SO^3,2HO$ cristallisé, il devient CaO,SO^3 amorphe. Réduit en poudre et mêlé à l'eau, il reprend les deux équivalents d'eau perdue, cristallise, et les petits cristaux formés, s'enchevêtrant les uns dans les autres, deviennent une masse solide.

Délayons le plâtre cuit dans de l'eau, de manière à former une pâte semi-fluide; versons celle-ci sur une pièce de monnaie ou sur tout autre objet présentant un relief; au bout de quelque temps, le plâtre est *pris*; et, en le détachant de l'objet sur lequel on l'a coulé, on a un moule en creux.

88. Chlorure de chaux. — On désigne sous ce nom un mélange de chlorure de calcium $CaCl$ et d'hypochlorite de chaux CaO,ClO, obtenu en faisant passer un courant de chlore sur de la chaux vive (48).

Il peut servir dans les laboratoires à la préparation du chlore à froid. On fait une pâte épaisse avec du chlorure de chaux et un peu d'eau ; on façonne à la main des boulettes de la grosseur d'une noix, et on les laisse sécher. Ces boulettes, introduites dans un flacon (*fig.* 87), laisseront dégager du chlore si l'on verse, par le tube à entonnoir, de l'eau acidulée par l'acide chlorhydrique ou sulfurique.

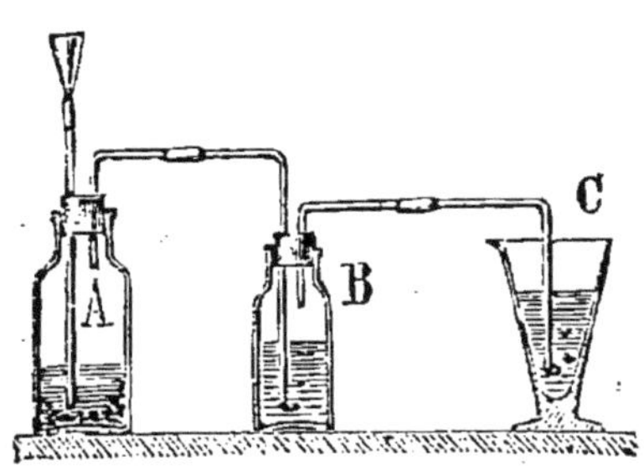

Fig. 87. — **Préparation du chlore à froid.**

A, flacon contenant les boulettes de chlorure de chaux.
Le chlore agit en B sur la substance à chlorurer ; l'excès est absorbé en C.

La réaction peut s'exprimer ainsi :

$$CaO,ClO + CaCl + 2HCl = 2CaCl + 2HO + 2Cl$$

Chlorure de chaux.	Acide chlorhydrique.	Chlorure de calcium.	Eau.	Chlore.

Les chlorures de calcium, baryum, magnésium peuvent être préparés en traitant par l'acide chlorhydrique les carbonates de ces métaux.

Les azotates s'obtiennent d'une façon analogue.

Si l'on opère sur du carbonate de baryte, substance naturelle d'un prix peu élevé, on peut préparer avec la plus grande facilité de l'azotate et du chlorure de baryum cristallisés.

89. Sulfate de magnésie. — Ce sel se rencontre à l'état naturel dans certaines eaux minérales.

Il paraît avoir pour origine l'action d'un sulfate en solution sur du carbonate de magnésie.

Mêlons dans 100 grammes d'eau, deux ou trois grammes de carbonate de magnésie en poudre et autant de plâtre ; laissons en contact pendant quelques jours, ou bien chauffons et faisons bouillir quelque temps, puis filtrons ; la liqueur concentrée par évaporation jusqu'à ce qu'une goutte posée sur un corps froid se solidifie partiellement, laissera déposer, par refroidissement, des cristaux de sulfate de magnésie ($MgO,SO^3 7HO$).

Partout où la dolomie naturelle a pu se trouver en contact

avec des eaux séléniteuses, le sulfate de magnésie a dû se produire.

On prépare très facilement le sulfate de magnésie en attaquant la dolomie par de l'acide sulfurique étendu d'eau. On pulvérise grossièrement de la dolomie, on verse dessus l'eau acidulée, et l'on abandonne pendant un jour ou deux. La craie de la dolomie donne du plâtre très peu soluble; le sulfate de magnésie se dissout dans l'eau; on décante celle-ci ou on la filtre; on la concentre et, par refroidissement, elle donne des cristaux blancs de sulfate de magnésie. Voici la réaction :

$$MgO,CO^2 \;+\; CaO,CO^2 \;+\; 2SO^3,HO \;=\;$$

Dolomie.   Acide sulfurique.

$$MgO,SO^3 \;+\; CaO,SO^3 \;+\; 2CO^2 \;+\; 2HO$$

Sulfate de magnésie.   Plâtre.   Acide carbonique.   Eau.

90. Alumine — L'alumine est un oxyde indifférent.

Versons un alcali ou un carbonate alcalin dans une dissolution de sulfate d'alumine, nous obtiendrons un précipité d'alumine gélatineuse $Al^2O^3,3HO$.

Divisons en deux le précipité recueilli; ajoutons à l'une des portions de l'acide sulfurique, à l'autre de la potasse ou de la soude caustique : il y aura dissolution dans les deux cas; nous obtiendrons du sulfate d'alumine d'une part, et un aluminate de l'autre.

L'alumine hydratée absorbe facilement les matières colorantes. En faisant bouillir dans un liquide coloré de l'alumine en gelée, celle-ci retient la matière colorante; et, si l'on filtre, le liquide passe clair (*fig.* 87).

Fig. 87. — Combinaison de l'alumine et des matières colorantes.

La combinaison de l'alumine et de la matière colorante porte le nom de *laque*.

L'alumine hydratée, soumise à la calcination, perd son eau et se dissout ensuite difficilement dans les acides, ou dans les alcalis.

91. Aluminates. — Mêlons intimement de la bauxite et du sel de soude, en parties égales, et chauffons au rouge dans un creuset; l'opération peut être faite dans un poêle. Le creuset retiré contient une masse verdâtre, poreuse, par suite du dégagement d'acide carbonique, et en partie soluble dans l'eau. La solution traitée par un acide donne un précipité d'alumine hydratée.

$$Al^2O^3,3NaO \quad + \quad 3HCl \quad = \quad Al^2O^3,3HO \quad + \quad 3NaCl$$

Aluminate de soude.   Acide chlorhydrique.   Alumine hydratée.   Sel marin.

L'acide carbonique suffit à produire la décomposition. Introduisons la solution dans un flacon où nous ferons arriver un courant d'acide carbonique (*fig.* 88). Nous obtiendrons un précipité d'alumine, et la liqueur contiendra du carbonate de soude.

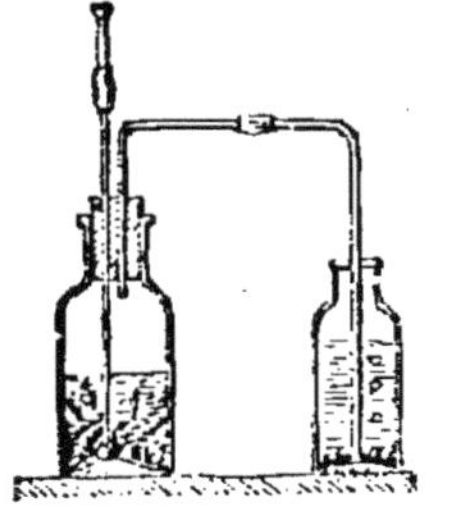
Fig. 88. — **Précipitation de l'alumine des aluminates.**

Lorsque le courant d'acide carbonique est lent, l'alumine précipitée est gélatineuse; si le courant est rapide et brusque, l'alumine qui se sépare est grenue; dans les deux cas, elle est hydratée.

92. Sulfate d'alumine. — L'argile pulvérisée, puis calcinée, s'attaque assez facilement par l'acide sulfurique; il se forme du sulfate d'alumine et la silice est mise en liberté :

$$Al^2O^3,3SiO^2 \quad + \quad 3HO,SO^3 \quad = \quad 3HO \quad + \quad 3SiO^2 \quad + \quad Al^2O^3,3SO^3$$

Argile.   Acide sulfurique.   Silice gélatineuse.   Sulfate d'alumine.

Pulvérisons de l'argile desséchée et chauffons-la dans une coupelle de fer ; puis, après l'avoir placée dans un verre ou une assiette, arrosons-la d'acide sulfurique, de manière à bien l'imbiber. Après quelques jours, la masse sera couverte d'efflorescences blanches. En traitant alors par de l'eau chaude, la silice reste insoluble, et le sulfate d'alumine se dissout. En concentrant la liqueur décantée dans une coupelle de plomb ou un ballon de verre, jusqu'à consistance sirupeuse, elle se prend en masse par refroidissement ; on a du sulfate d'alumine souillé par du sulfate de fer.

93. Aluns. — Le sulfate d'alumine, obtenu précédemment est très acide ; neutralisons sa solution par du carbonate de potasse ; le liquide abandonnera des cristaux d'un sulfate double dont voici la formule :

$$KO,SO^3 + Al^2O^3,3SO^3 + 24HO$$

Alun ordinaire.

On peut aussi l'obtenir en traitant l'aluminate de potasse par l'acide sulfurique. En employant l'aluminate de soude, le produit obtenu cristallise très difficilement et ne se conserve pas ; aussi ne prépare-t-on jamais l'alun de soude.

L'alun d'ammoniaque ($AmO, SO^3, Al^2O^3, 3SO^3, + 24HO$) est employé fréquemment ; il s'obtient aussi facilement que l'alun de potasse.

CHAPITRE III

—

CARACTÈRES DES SELS — ANALYSE

94. Analyse par voie humide. — Attaque. — Si la substance à analyser est solide, il faut préalablement la dissoudre; on en met une portion, environ 1 gramme, dans un tube à essai ou un petit ballon, et on emploie successivement l'un des dissolvants : eau, acide chlorhydrique, acide azotique et eau régale. Si la matière ne se dissout pas, on la mêle pulvérisée à du carbonate de soude également pulvérisé, et on porte au rouge dans un creuset; la matière obtenue est ensuite traitée par les réactifs ci-dessus employés, comme dans le premier cas, dans l'ordre indiqué.

Il importe de bien observer ce qui se passe lorsque la matière se dissout. S'il se dégage un gaz, son odeur suffit quelquefois à le faire reconnaître.

Voici un résumé de la marche à suivre, et des principales observations à faire :

A. — La matière est soluble dans l'eau à froid ou à l'ébullition ; elle peut être formée de composés alcalins; d'azotates ; de chlorures, moins ceux d'argent, de mercure, de plomb ; de sulfates, moins ceux de chaux, de baryte, de strontiane, etc.; c'est-à-dire qu'on saura à l'avance qu'elle ne contient pas d'oxydes libres des métaux usuels, ni de carbonates ou de sulfates terreux, etc., etc.

La solution dans l'eau peut n'être que partielle; on s'assure qu'il y a une partie soluble en évaporant quelques gouttes de la partie liquide sur une lame de platine : s'il ne se forme aucun résidu, on conclut à l'insolubilité dans l'eau.

B. — La matière, insoluble dans l'eau, se dissout à froid ou à chaud dans l'acide chlorhydrique :

1° Avec dégagement de gaz. Ce gaz est	de l'hydrogène.	Indice de	*métaux libres.*
	de l'acide carbonique.. . . . . . . ;	—	*carbonates.*
	de l'hydrogène sulfuré. . . . . . ,	—	*sulfures.*
	de l'hydrogène phosphoré.	—	*phosphures.*
	de l'acide sulfureux	—	*sulfites.*
	fumant et corrode le verre	—	*fluorures.*
	du chlore.	—	*suroxydes* (MnO^2)
	à odeur d'amandes amères	—	*cyanures*
2° Sans dégagement de gaz. . . ;		—	*oxydes.*
3° La liqueur obtenue précipite par refroidissement et se redissout par addition d'eau. . . .		—	*sels de plomb.*

C. La substance, insoluble dans l'eau et l'acide chlorhydrique, est attaquée par l'acide azotique avec dégagement de vapeurs nitreuses :

1° La solution est complète.	La liqueur obtenue est précipitable par un sel de baryum en solution..	Indice de	*sulfures.*
	Il ne s'est pas formé de sulfate. .	—	*métaux libres.*
2° Il s'est formé un résidu	soluble dans l'acide tartrique. . .	—	*antimoine.*
	insoluble — — . . .	—	$Sn — SiO^2$.
	soluble dans le tartrate d'ammoniaque	—	PbO,SO^3.

D. La substance insoluble dans HO, dans HCl, dans AzO^5, se dissout dans l'eau régale :

1° La solution contient des sulfates.	Indice de	*sulfures.*
2° — ne contient pas de sulfate. . . .	—	*métaux précieux.*

E. La substance est insoluble dans les réactifs précédents. . . . . —   *silicates.*

95. Précipitation : division des métaux en cinq groupes. — C'est sur la solution de la substance à analyser qu'on opère pour rechercher les éléments basiques et acides ; on en soumet une portion à l'action des réactifs suivants :

$$HCl — HS — AmS — AmO,CO^2$$

Voici comment on opère : On ajoute à la solution quelques gouttes d'acide chlorhydrique ; s'il se forme un précipité, on verse le réactif jusqu'à précipitation complète. Le mercure de ses sels au minimum, l'argent et le plomb, sont les seuls métaux dont les chlorures soient insolubles, ce sont par suite les seuls qui peuvent précipiter. L'alumine serait également précipitée des aluminates alcalins, qui sont solubles dans l'eau, mais le précipité gélatineux formé se redissout dans un excès du réactif.

Le précipité obtenu par HCl est séparé par le filtre, et, dans le liquide clair, on fait barboter un courant de gaz sulfhydrique. On peut, avec avantage, employer l'appareil *figure* 89.

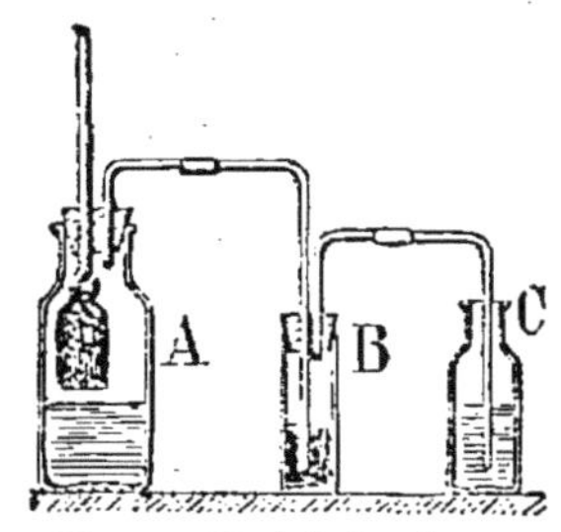

Fig. 89. — **Précipitation par l'hydrogène sulfuré.**

Dans un petit sac de laine, cousu avec de la laine ou mieux de la soie (les fibres végétales sont rapidement détruites par les acides), on met du sulfure de fer.

Ce sac, suspendu à une baguette de verre terminée par un crochet, peut plonger à volonté dans l'eau acidulée du flacon A. Une éprouvette B, contenant le liquide à essayer, est placée à la suite, et le gaz en excès est absorbé par une solution d'oxyde de zinc dans l'ammoniaque que contient le dernier flacon C.

L'action du gaz sulfhydrique est complète lorsque la solution de zinc se précipite, ou mieux quand le liquide de l'éprouvette, étant filtré, ne précipite plus par un nouveau passage de gaz sulfhydrique.

Les métaux précipitables à l'état de sulfures dans ces conditions sont ceux des trois dernières sections de la classification de Thénard. Les uns forment des sulfacides :

$$Au, Pb, As, Sb, Sn$$

et sont par suite solubles dans les sulfures alcalins, ils forment un premier groupe. Les autres forment des sulfobases :

$$Ag, Pt, Hg, Cu, Cd, Bi,$$

et sont insolubles dans les sulfures alcalins, ils forment un second groupe.

La liqueur passée au filtre, après traitement par HS, est additionnée d'ammoniaque, puis d'un sulfure alcalin. Les métaux suivants sont précipités à l'état de sulfure :

$$Ni, Co, Fe, Zn\ et\ Mn;\quad Al\ et\ Cr\ précipitent$$

également, mais à l'état d'oxydes; ces métaux forment un troisième groupe.

L'hydrogène sulfuré ne peut précipiter ces métaux que dans une liqueur alcaline: si la liqueur est neutre, à plus forte raison acide, le sulfure ne peut se former, il serait dissous par l'acide naissant ou préexistant; exemple :

$$HS \quad + \quad FeO,SO^3$$

on ne peut obtenir que :

$$FeS \quad + \quad HO,SO$$

Or FeS est soluble dans HO,SO^3 ; la précipitation ne peut donc avoir lieu que si l'acide est neutralisé; voilà pourquoi le liquide doit être alcalin pour la précipitation du troisième groupe. Il doit être acide pour les deux premiers, afin d'empêcher les métaux du troisième de se précipiter.

On sépare le précipité du troisième groupe par le filtre, et la liqueur qui passe est débarrassée des composés sulfurés par ébullition avec HCl qui donne $AmCl$; l'action est complète quand il ne se dégage plus HS.

On ajoute à la liqueur obtenue (ou à la liqueur primitive additionnée de $AmCl$) du carbonate d'ammoniaque : Ba,Sr et Ca qui forment un quatrième groupe, précipitent à l'état de carbonate. La magnésie ne précipite pas par les carbonates en présence des sels ammoniacaux, c'est pourquoi on forme ou on ajoute $AmCl$ pour la précipitation du groupe 4.

Enfin les métaux qui peuvent encore exister dans le liquide après séparation du groupe précédent sont Mg, K, Na, et le radical $Am = AzH^4$; ils forment un cinquième groupe.

Résumé de la division des métaux en cinq groupes.

Groupe 1 Au — Pt — Sn -- Sb — As précipitables par HS dans une solution acide, le sulfure se dissout dans AmS.

Groupe 2 Ag — Pb — Hg — Cu — Cd — Bi précipitables par HS, dans une solution acide, le sulfure est insoluble dans AmS.

Groupe 3 Ni — Co — Fe — Mn — Al — Zn — Cr précipitables par AmS et aussi par HS dans une solution très alcaline.

Groupe 4 Ba — Sr — Ca — précipitables par les carbonates alcalins, en présence des sels ammoniacaux.

Groupe 5 Mg — K — Na — Am, non précipitables par les réactifs précédents.

96. Séparation des métaux des différents groupes. —
Le précipité, obtenu dans l'une des réactions qui précèdent, contient un ou plusieurs des métaux qui constituent un groupe. Ce précipité doit être débarrassé par un lavage à l'eau froide, ou même à l'eau chaude, de tout ce qu'il peut contenir de soluble. On le dissout ensuite à nouveau, et on le caractérise en suivant les indications contenues dans les tableaux 1, 3 et 5 ci-dessous.

Une base étant trouvée, on doit toujours répéter, sur la solution primitive, *toutes* les réactions qui caractérisent cette base (tableaux 2, 4 et 6), avant d'affirmer qu'elle existe dans la matière soumise à l'analyse.

Après avoir déterminé les éléments basiques, on recherche les éléments acides (tableau 7).

Avant toute recherche, il est bon de s'assurer que la liqueur sur laquelle on veut opérer contient au moins un élément fixe; pour cela on évapore, sur la lame de platine, quelques gouttes de liquide, comme il a été dit plus haut.

Abréviations employées dans les tableaux ci-dessous.

—

ac.	acide.	déc.	décoloration.	liq.	liqueur.		
ad.	addition.	ét.	étendu.	pr.	précipité.		
alc.	alcalin.	exc.	excès.	q.	quantité.		
chal.	chaleur.	gél.	gélatineux.	q. s.	quantité sufiisante.		
col.	coloration.	gt.	gouttes.	q. q.	quelque.		
cpt.	complet.	inc.	incomplet.	R.	réactif.		
conc.	concentré.	insol.	insoluble.	sol.	soluble.		
crist.	cristallin.	lent.	lentement.	vol.	volumineux.		

Laver le précipité par HS, mettre une portion dans un tube à essai avec AmS; chauffer: solution contient 1er groupe; résidu 2e groupe.

La sol. d. AmS est préc. par HCl en lég. ex. à froid, le préc. de sulf. se reforme. Traiter par HCl bouillant jusqu'à dégt. comp. de HS, on a :

- **Résidu insoluble ajouter AmO, on a :**
  - **Résidu insolu. d. AmO, attaq. par AzO⁵, HO, on a :**
    - **Résidu** or, métallique, dissoudre eau régale ajouter mélange de SnCl et SnCl² en sol. : précipité brun-marron (pourpre Cassius) . . . . **Au.**
    - **Solution** nitrique, évaporer à sec, ajouter quelques gouttes eau AmCl, évaporer; ajouter eau et alcool, rés. jaune et PtAm3Cl; calciner, poudre grise. . . . . **Pt.**
  - **Solution** ammoniacale : ajouter HCl, puis KO,ClO⁵, pour dissoudre : introduire app. de Marsh, on obtient taches noires sol. NaO,ClO. . . . **As.**
- **Solution acide ajouter AmO, on a :**
  - **Gaz** donne taches noires insoluble NaO,ClO . . . . **Sb.**
  - **Poudre** noire quand Zn est dissous; recueillir, laver: reprendre par HCl bouillant, on a SnCl; HgCl précipité blanc; HS précipité marron . . . . **Sn.**
- **Résidu noir** soluble d. eau régale; neutraliser incomplètement la liqueur; tache blanche sur Cu, disparaît par chaleur . . . . **Hg (max).**

Traiter sulfure ins. d. AmS p. AzO⁵,HO pur et bouillant. On a :

- **Précipité** blanc sol. d. tartrate d'ammoniaque; KO,CrO³ préc. en jaune . . . . **pb.**
- **Solution, on ajoute SO³,HO, on a :**
  - **Solution, aj. AmO en excès, on a :**
    - **Précipité** blanc; dissous HCl juste en q. s. aj. eau grande quantité, trouble. . . . . **Bi.**
    - **Liqueur bleue** s'il y a du cuivre
      - une partie par HCl décoloration; K²FeCy³ précipité marron . . . . **Cu.**
      - une partie par KCy déc.; HS pr. jaune . . **Cd.**

NOTA. — HCl versé dans solution primitive pour l'aciduler a précipité totalement Hg des sels au min. et Ag; incomplet. Pb. Le précipité lavé eau bouillante soluble si Pb; insoluble pour Hg et Ag, on ajoute AmO, AgCl se dissout; le reste traité par AzO⁵,HO, puis KI précipité en rouge HgI, soluble exc. R.

	POTASSE OU SOUDE	AMMONIAQUE	HYDROGÈNE SULFURÉ	SULFURES ALCALINS	PRUSSIATE JAUNE	IODURE DE POTASSIUM	RÉACTIONS DIVERSES
Au....	En p. q. pr. j. rouge tr. s. exc. R.	Pr. j. r. ins. exc. R.	Pr. noir brun sol. eau régale.	Précipité noir, br. sol. exc. R.	Col. ou pr. vert émeraude.	Pr. j. iodure. l. libre col. liq.	Zn métallique ou sulfate ferreux, dépôt or métallique.
Pt....	Si liq. renf. chl. pr. jaune sol. exc. R. Si liq. renf. oxysel pr. j. brun ins.		Col. brune, puis précip. brun noir.	Pr. br. noir. sol. exc. R.	Pr. jaune.	Col. br. rouge. puis précipité brun.	KCl et AmCl précip. jaune. $FeO.SO^3$ préc. noir Pt.
Sn....	Pr. bl. d'hyd. sol. exc. R.	Id. ins. exc. R.	Précipité brun (min.) Préc. jaune (max.)	Pr. br. (min.) Pr. j. (max.)	Précip. bl. gél. (max. et min.)	Précipité blanc jaune (min.) *rien* (max.)	Au^2Cl^3 pourpre Cassius, si mélange maximum et minimum.
Sb....	Préc. blanc vol. exc. R.	presque insol.	Précipité rouge orange.	Pr. rouge or. sol. exc. R.	Précipité blanc insol. HCl.	*Rien.*	Appareil de Marsh tac. ins. d. $NaO.ClO$.
As....	(V. *Caractères* aux *Acides.*)						
Ag....	Pr. br. vient noir à l'éb.	Pr. brun tr. sol. exc. R.	Préc. noir sol. AzO^5HO b.	Comme IIS.	Précipité blanc.	Pr. jaune insol. AzO^5 et AmO.	HCl et chlorures précip. blanc, sol. AmO.
Hg...	Pr. gris noir insol. exc. R (min.) Pr. blanc jaunâtre (max.)		Pr. noir, r. dab. pour max.	Id.	Précipité blanc. gél.	Pr. jaune vert (min.)pr. r. s. ex. R. (max.)	Lame de Cu précip. Hg métallique disparaissant par chaleur.
Pb....	Pr. bl. sol. exc. R.	Pr. bl. insol. exc. R.	Pr. noir.	Id.	Précipité blanc.	Précipité jaune sol. exc. R.	SO^3,HO précipité blanc, $KO.CrO^3$ précipité jaune.
Cu....	Pr. bleu vol. deven. noir par chal.	Pr. vert tr. sol. ex. R. bleu. cél.	Précipité noir, un peu sol. AmS.	Id.	Précipité rouge brun.	Précipité blanc.	Lame de Fe précipite Cu métallique.
Cd....	Pr. bl. insol. exc. R.	Pr. blanc tr. sol. ex. R.	Précipité jaune vif.	Id,	Préc. bl. lég. jaune.	*Rien.*	NaO,CO^2 ou AmO,CO^2 précipité blanc, ins. exc. R.
Bi....	Pr. blanc d'hydrate ins. exc. R.		Précipité noir.	Id.	Précipité blanc insol. HCl.	Pr. brun sol. exc. R.	KO,CrO^3 précipité jaune. Eau g. q. précip. blanc.

La liq. non pr. par HS est ad. d'AmO jusqu'à réaction alc.; et, que la liq. soit trouble ou non, on ajoute AmS en léger excès. Le précipité obtenu contient les métaux du groupe III; il est blanc ou peu foncé pour A*l*, Cr et Z*n* (A*l* et Cr pr. à l'état d'oxyde); rose pour M*n*. S'il est noir, il peut contenir en outre Ni,Co,Fe. On l'attaque à froid par HC*l* étendu de cinq fois son volume d'eau, on a:

Un **Résidu** qu'on dissout dans HC*l* concentré; on étend d'eau et on précipite par KO,HO; on a:

{ Un précipité vert clair. . . . . Ni.
{ Un précipité bleu violet (au chalumeau avec borax ou sel de phosphore perle bleue.) . Co.

Les sulfures de N*i* et CO sont un peu soluble dans HC*l* étendu, s'ils sont caractérisés comme il vient d'être dit, on devra les rechercher dans la solution suivante.

Une **Solution** qu'on fait bouillir pourchasser HS; on ajoute A*z*O⁵,HO pendant ébullition pour peroxyder F*e*, on ajoute KO,HO après refroidissement, jusqu'à réaction tr. alc.; on agite; on obtient:

/ Un **Résidu** qu'on redissout dans HC*l*, après lavage à l'eau; on ajoute un excès de C*a*O,CO² précipité et pur; on obtient .

{ Un **Résidu** qu'on lave *e* redissout dans HC*l*; la solution pr. en bleu par prussiate jaune et se colore en rouge sang par KC*y*S² . . . . Fe.
{ Une **Solution** qui précipite en rose-chair par AmS . . . Mu.

Une **Solution** qu'on fait bouillir; on obtient :

Une **Solution** alcaline, on ajoute HCl jusqu'à réac. acide, puis AmO en excès, on a :

{ **Précipité** gélatineux blanc, chauffé sur lame P*l* avec gouttes CoO,A*z*O⁵, coloration d'un bleu ciel . , ... Al.
{ **Solution**, on neutralise par acide acétique. on fait passer HS, précité blanc. . . . . . Zn.

Un **Résidu** vert, on chauffe sur lame P*l* avec KO,A*z*O⁵. la sol. d. l'eau pr. en jaune par une solution d'un sel de P*b*. . . . . Cr.

Ce dernier résidu, qui se forme par l'ébullition de la sol. alc., peut contenir les phosphates et les oxalates terreux : on le dissout dans HC*l*, on neutralise presque cpt par AmO, on ajoute F*e*²C*l*³ à une partie de la liqueur; à une autre on ajoute C*a*C*l* et un excès d'acétate de potasse. (Il peut y avoir en outre des fluorures et des borates terreux. V. acides.)

1° La liqueur traitée par F*e*²C*l*³ précipite, l'autre reste limpide : Phosphates seuls;
2° La liqueur traitée par C*a*C*l* précipite, l'autre reste limpide : Oxalates seuls.

Caractères des bases minérales. — **Groupe III.**

	POTASSE OU SOUDE	AMMONIAQUE	SULFURES ALCALINS	CARBONATE DE SOUDE	PRUSSIATE JAUNE	RÉACTIONS DIVERSES
Ni....	Pr. vert clair ins. exc. R.	Trouble verdâtre, soluble exc. R.	Pr. noir insol. exc. R. très dif. sol. HCl.	Pr. v. pomme soluble dans AmO,CO².	Précipité blanc verdâtre.	KCy précipite en vert jaunâtre, C²O³ précipité blanc verdâtre.
Co....	Pr. bl. violacé verdissant à l'air.	Pr. bleu lilas dans liq. n. sol exc. R,	Précipité noir, ins. exc. R.	Préc. rose sol. dans le carb. d'AmO.	Précipité vert sale.	Au chalumeau, avec borax ou sel de phosphore, perle bleue. C²O³ précipité blanc.
Fe (min.)	Pr. blanc vient vert, puis brun à l'air.	Comme KO,HO	Pr. noir, très sol. HCl.	Pr. bl. verdissant à l'air.	Pr. blanc ins. HCl, bleuissant à l'air.	Ferricyanure précipité bleu foncé, insoluble HCl — KO,Mn²O⁷ décoloration instantanée.
Fe (max.)	Pr. rouge br. vol. insolub. exc. R.	Id.	Précipité noir FeS mêlé de S en excès.	Pr. rouge brun d'hydrate.	Pr. de bleu de Prusse insol. HCl.	KCyS² coloration rouge sang. Tannin ou acide gallique donne encre.
Mn,..	Pr. blanc brunissant à l'air.	Id. si le liquide est neutre.	Précipité rose clair.	Précipité blanc rosé.	Précipité blanc rosé.	Au chalumeau avec borax et sel de phosphore perle d'un beau violet améthiste.
Al....	Pr. blanc gél. sol. exc. R.	Précipité blanc gél. insoluble exc. R.	Pr. bl. d'oxyde et dégagement de HS.	Pr. blanc avec dégagement de CO².	Précipité blanc tr. lent à se former.	Au chalumeau, avec C°O,AzO³, matière insoluble d'un beau bleu azur.
Zn....	Pr. blanc. gél. très s. exc. R.	Comme pour KO,HO.	Pr. bl. ins. acide acétique.	Pr. blanc ins. exc. R.	Pr. blanc gél. ins. HCl.	Précipité blanc de sulfure par HS en présence d'un acétate alcalin.
Cr....	Pr. gris verd. sol. exc. R.; repr. par ébullition.	Pr. bleu violacé gris, peu sol. exc. R.	Pr. gris verd, avec dégagement de HS.	Précipité gris. vert et dégagement de CO².	Rien.	Au chalumeau avec borax, perle vert émeraude. Calciné sur lame de Pt avec salpêtre, matière soluble précipitée en jaune par sel de plomb.

Le liquide passé au filtre après la préc. du groupe III est additionné de HCl et chauffé jusqu'à disparition de HS; il s'est formé AmCl. (On prend la liqueur primitive s'il n'y a pas de métaux des groupes I, II et III. On ajoute AmCl.)
Ajouter au liquide du carbonate d'AmO en excès, on obtient : (A) Groupe IV. — (B) Groupe V.

(A) **Précipité** blanc de carbonate; on le lave, on en dissout une partie dans HCl, et on ajoute à une portion de la solution une solution de de sulfate de chaux; on obtient :

Un **Précipité** qui se forme rapidement si Ba; et qui peut renfermer Ba et Sr.

Le précipité de carbonate dissous dans quelques gouttes AzO^5 est ajouté à alcool, on enflamme coloration en jaune verdâtre . . . . Ba.

Si la coloration est rouge cramoisi. . . . . Sr.

L'acide hydrofluo silicique précipite de la solution précédente les sels de baryum.

Ceux de strontium ne précipitent pas si la sol. est étendue.

Une **Solution** non pr. par CaO,SO^3. On reprend la solution du carbonate dans HCl, on ajoute NaO, SO^3 pour éliminer Ba et Sr; on filtre; on ajoute AmO en excès puis oxalate d'AmO, on obtient précipité blanc, insoluble acide acétique et acide oxalique, soluble HCl. . . . . Ca.

A une portion de la liqueur on ajoute du phosphate de soude; il se forme, surtout par l'agitation, un précité blanc, cristallin et grenu de phosphate ammoniaco-magnésien. . . . . Mg.

(B) Une **Liqueur** pouvant contenir les alcalis et la magnésie; on s'assure qu'elle renferme une substance fixe par évaporation sur une lame de platine.

A une autre portion de la liqueur on ajoute de l'hydrate de baryte pour précipiter la la magnésie, on filtre; on ajoute à la liqueur filtrée de l'acide sulfurique pour précipiter l'excès de baryte, et l'on évapore à sec une portion du liquide. On chauffe au rouge sur lame de platine, s'il y a un résidu fixe, on a K ou Na ou tous les deux (on les caractérise comme il est dit ci-contre). . . , ... K ou Na.

La liqueur primitive additionnée de chaux en poudre est portée à l'ébullition dans un tube à essai, il se dégage des vapeurs bleuissant le tournesol et blanchissant à l'approche d'une baguette de verre humectée d'AzO^5, d'HCl ou d'acide acétique.

	POTASSE OU SOUDE	AMMONIAQUE	CARBONATE DE SOUDE	ACIDE SULFUR. et sulfate sol.	PHOSPHATE DE SOUDE	OXALATE D'AMMONIAQUE	RÉACTIONS DIVERSES
Ba....	Précipité blanc de BaO,HO sol. eau.	*Rien.*	Pr. blanc.	Pr. blanc insol. dans les acides.	Précipité blanc sol.· HCl et AzO^5,HO.	Précipité blanc dans solution concentrée.	Coloration flamme jaune verdâtre. Acide hydrofluosilicique précipite.
Sr....	Précipité blanc sol. par addition d'eau.	*Rien.*	Comme pour Ba.	Précipité blanc moins insol. que pour Ba.	Comme pour Ba.	Comme pour Ba.	Coloration flamme en rouge cramoisi. Ac. hydrofluosilicique *rien.*
Ca ...	Préc. bl, peu soluble dans l'eau.	Pr. blanc lent. si bi-carbonate.	Comme pour Ba.	Pr. blanc crist. sol. HCl si liq. él.	Comme pour Ba.	Précipité blanc insol. acide acét. ou ox.	Coloration flamme en jaune orangé.
Mg...	Pr. blanc insol., exc. R.; soluble sel d'AmO.	Pr. incol. si liq. neut. *Rien*, liquide acide.	Pr. blanc insol. exc. R. sol. sel d'AmO.	*Rien.*	Avec sel d'AmO précip. blanc crist.	Précipité blanc en l'absence d'un sel d'AmO.	$NaO,2CO^2$ ne précipite pas à froid: à chaud, précipité blanc gélatineux,

K..... Les sels alcalins sont incolores si leur acide est incolore. Les sels de K concentrés donnent par $PtCl^2$ concentré et acide, un précipité jaune vif, peu soluble eau, insoluble alcool. L'acide tartrique précipite en blanc, soluble alcool. Les flammes sont colorées en violet à l'extrémité. Sulfate d'alumine laisse déposer alun.

Na. .. Les caractères des sels de Na sont tous négatifs; cependant le biméta-antimoniate de potasse en solution récente donne un précipité cristallin de biméta antimoniate de soude apparaissant par l'agitation.
Les flammes sont colorées en jaune.

Am... Chauffés avec alcool, les sels d'AmO laissent dégager AzH^3, reconnaissable par : odeur, tournesol, baguette de verre mouillée d'acide volatil. $PtCl^2$ précipite en jaune serin ; l'acide tartrique en excès précipite blanc.'
Sulfate d'alumine laisse déposer alun.

Les acides minéraux se distinguent des acides organiques en ce que les sels de ces derniers, moins les oxalates, charbonnent par la calcination.

Les oxysels minéraux alcalins, ainsi que les fluorures et les oxalates, précipitent par l'acétate de baryte, exception pour nitrates et chlorates. Les silicates pr. par les acides. Les corps binaires précipitent par AgO, AzO^5, dans une liqueur acide.

Le précité par acétate de baryte est lavé et ensuite attaqué par AzO^5,HO. on a : → **Une Solution**

- Un Résidu insoluble. **Sulfate.**
- avec dégagement de CO^2 qu'on reconnaît par eau de chaux. . . . . **Carbonate.**
- avec dégagement de SO^2 qu'on reconnaît à l'odeur.
  - Il y a précipité de soufre. . . . . **Hyposulfite.**
  - Il n'y a pas précipité de soufre. . . . . **Sulfite.**
- sans dégagement de gaz. On fait passer un courant d'HS dans la sol. acide, on obtient :
  - **Un Précipité.**
    - La liqueur primitive pr. en jaune par sel soluble de Pb. . . . . **Chromate.**
    - La liqueur primitive pr. par AgO, AzO^5.
      - en jaune . . . . **Arsénite.**
      - en rouge. . . . . . . **Arséniate.**
  - **Une Solution** on ajoute à la liqueur primitive AgO,AzO^5. on a :
    - précipité blanc soluble dans excès d'eau . . . **Borate.**
    - précipité jaune insoluble eau, soluble acide acétique. . . . . **Phosphate.**
    - précipité blanc insoluble eau ou acide acétique, soluble AzO^5,HO. . . . . **Oxalate.**
    - pas de précipité; par HO,SO^5 matière première donne HFl. . . . . **Fluorure.**

L'acétate de baryte ne précipite pas AgO,AzO^5 donne un précipité

- **noir** : la liqueur primitive donne HS par addition de HCl. . . . . **Sulfure.**
- **jaune** :
  - insoluble AmO (eau de chlore, amidon ou AzO^5,HO et CS^2). . . . . **Iodure.**
  - peu soluble AmO (eau de chlore, éther ou AzO^5.HO et CS^2). . . . . **Bromure.**
- **blanc** :
  - très soluble AmO. . . . . **Chlorure.**
  - dégageant par chaleur du Cy — HO,SO^3 dans liqueur primitive dégage odeur amandes amères. . . . . **Cyanure.**

Nitrates et chlorates fusent sur charbons ardents; les premiers donnent AzO^4 par mélange de leur sol. avec SO^2,HO et Cu. Le résidu des chlorates sur charbon dissous précipite par AgO,AzO^5 soluble AmO.

Ces tableaux ne peuvent être appris mot à mot ; il importe seulement d'en savoir faire l'application.

Voici quelques exemples simples sur lesquels pourront por‑ ter les premiers exercices :

1	Céruse.	11	Vitriol de Salzbourg.
2	Vitriol bleu.	12	» de Chypre.
3	» vert.	13	Alun de fer ammoniacal.
4	Sulfate d'alumine.	14	Soudure des plombiers.
5	Blanc de zinc.	15	Laiton.
6	Craie.	16	Bronze.
7	Sel de soude.	17	Dolomie.
8	Sel ammoniac.	18	Céruse et blanc de zinc.
	Jaune de chrôme.	19	Litharge et craie.
10	Vert de Scheele.	20	Os blanc pilés et AmO,AzO^3.

97. Boîte à réactifs. — Il sera bon de placer les réactifs dans des flacons munis chacun d'un tube rétréci aux extrémités (*fig.* 90), sorte de compte‑gouttes qui force le commençant à n'employer qu'en pe‑ tite quantité le réactif nécessaire. On retire du flacon le tube en le main‑ tenant fermé par le doigt ; en soule‑ vant le doigt, la petite quantité de liquide contenue dans le tube s'é‑ coule en partie ou en totalité, au gré de l'opérateur.

Fig. 90. — Flacon à réactif.

t, tube ou pipette dont les extrémités ont été fondues pour rétrécir l'ou‑ verture (compte gouttes).
c, caoutchouc servant de bouchon.

On rétrécit ces tubes soit en fondant l'extrémité, soit en les étirant ; le premier moyen est préférable, l'extrémité rétrécie est moins fragile que l'extrémité étirée.

Les flacons sont rangés dans une boîte, toujours dans le même ordre, et on les sort de la boîte seulement pour les rem‑ plir (*fig.* 91).

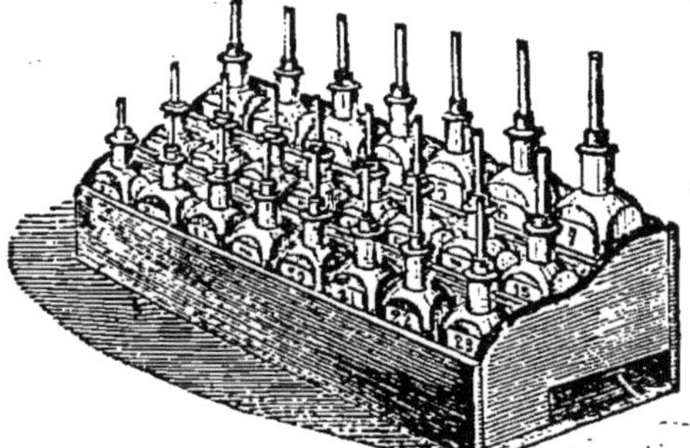

Fig. 91. — Boîte à réactifs.

Les réactifs les plus nécessaires sont les suivants :

1	Acide chlorhydrique.	13	Carbonate de soude.
2	» azotique.	14	Phosphate de soude.
3	» sulfurique.	15	Iodure de potassium.
4	Potasse.	16	Prussiate jaune.
5	Ammoniaque.	17	Sulfate de chaux.
6	Carbonate d'ammoniaque.	18	Chlorure de baryum.
7	Acétate de baryte.	19	Chromate de potasse.
8	Acide acétique.	20	Perchlorure de fer.
9	» tartrique.	21	Acétate de plomb.
10	Sulfhydrate d'ammoniaque.	22	Azotate d'argent.
11	Chlorhydrate d'ammoniaque.	23	Alcool.
12	Oxalate d'ammoniaque.		

Une de ces boîtes est suffisante pour deux groupes d'opérateurs.

Les autres réactifs, bichlorure de platine, nitrate de cobalt, etc., sont rangés dans une ou deux boîtes placées à la portée de tous.

Si l'on ne dispose pas du gaz, on aura un chalumeau qu'on peut construire en verre d'une façon très élémentaire (*fig.* 92);

Fig. 92. — **Chalumeau en verre.**

une lampe à alcool, ou à pétrole, une bougie, etc , remplaceront le gaz. Mais le bec Bunsen est de beaucoup le plus commode de tous les chalumeaux (*fig.* 93). Une lame de platine de 1/2 gramme environ suffit ; on la présente à la flamme en la tenant avec une pince en fil de fer.

Fig. 93. — **Brûleur Bunsen.**
f, tube par lequel on souffle.
o, ouverture par laquelle entre l'air.
c, amène le gaz.

On emploiera avec avantage des pissettes à eau distillée pouvant se chauffer (*fig.* 94) ; car on a souvent besoin de laver les précipités à l'eau bouillante.

98. Analyse par voie sèche. — Il est des procédés susceptibles d'une grande précision, mais qui nécessitent une certaine habileté acquise seulement par une grande habitude, tels sont les essais au brûleur de Bunsen, par la baguette de charbon, etc. (V. l'*Agenda du Chimiste*).

Fig. 94. — **Pissette à eau distillée.**
En soufflant par f l'eau jaillit f.

Voici seulement quelques réactions assez faciles à reproduire, en chauffant au chalumeau la matière à analyser sur un morceau de charbon, avec du carbonate de soude mélangé d'un peu de cyanure de potassium KCy.

On obtient :

Un culot métallique....	sans enduit	Culot oxydable	blanc	Sn
			jaune	Cu
		culot inoxydable	blanc	Ag
			noir	Au
	avec enduit	jaune, culot malléable		Pb
		jaune brun, culot cassant		Bi
		blanc, id. id.		Sb

Une poudre métallique attirable à l'aimant . . . . Fe Ni Co

Un enduit. . . . . blanc Zn / rouge brun Cd

Une masse colorée. . . . . . { en vert au feu d'oxydation . . . . Mn / en jaune au feu d'oxydation, vert. f. r. Cr

Un verre incolore. . . . . SiO^2

Un résidu infusible devenant par CoO,AzO^3 . . . . bleu Al^2O^3 / rose MgO / noir CaO

Une fusion et pénétration dans les pores du charbon, la flamme du chalumeau se colore en. . . . . rouge SrO / vert BaO / jaune NaO / violet KO

CHAPITRE IV

CHIMIE ORGANIQUE

GÉNÉRALITÉS

99. Composition des matières organiques. — Les substances végétales ou animales appelées *matiéres organiques* sont formées presque exclusivement des corps simples ou éléments suivants : *carbone, hydrogène, oxygène* et *azote.* L'azote manque souvent, l'oxygène quelquefois ; on trouve en outre, mais plus rarement, du soufre, du phosphore, du chlore, de l iode, du fer, etc.

Une substance organique qui présente toujours la même composition et les mêmes propriétés, quel que soit le végétal ou l'animal qui l'a fournie, s'appelle *principe immédiat ;* exemples : le sucre, l'amidon, la résine, la quinine, etc.

Râpons une pomme de terre au moyen d'une lame de couteau ou d'un morceau de verre, de manière à la réduire en pulpe fine ; plaçons cette pulpe dans un entonnoir ou dans un verre et versons peu à peu de l'eau de manière à faire un lavage.

Le liquide obtenu est laiteux et laisse déposer une poudre blanche, la *fécule.* Le liquide clarifié par filtration se trouble par l'ébullition ; il se forme de petits flocons, d'une matière solide blanche, analogue au blanc d'œuf cuit : c'est l'*albumine végétale* qui se coagule.

Filtrons à nouveau ; l'albumine coagulée reste sur le filtre, et le liquide clair se trouble, si l'on y ajoute un sel de plomb ; les matières qu'il renfermait, l'*acide citrique* entre autres, se sont combinées à l'oxyde de plomb, et il s'est formé des sels de plomb insolubles (citrate de plomb).

La fécule, l'albumine, l'acide citrique, sont des principes immédiats. Il est resté dans l'entonnoir, où la pulpe avait été
placée, des débris des cellules du tubercule de pomme de
terre ; ces débris sont surtout formés de *cellulose*, autre principe immédiat. La pomme de terre contient en outre un peu
de sucre, et une matière soluble, mal définie, qui se colore en
brun, puis en noir sous l'action de l'air.

100. Analyse immédiate. — Faisons une expérience du
même genre avec environ 20 grammes de farine. Ajoutons de
l'eau, juste ce qu'il faut pour avoir une pâte épaisse et ferme.
Trempons dans l'eau la boulette obtenue ; retirons et pressons
légèrement entre les doigts ; répétons un grand nombre de
fois cette opération. Il faut avoir soin de ne pas trop étendre
la pâte, autrement on s'empâte les doigts de telle sorte qu'on
ne peut continuer l'expérience. Il arrive un moment où l'on n'a
plus entre les doigts qu'une matière grisâtre très élastique, le
gluten ; l'eau est devenue blanche et laisse déposer une matière
analogue à la fécule, l'*amidon.* Il y a en outre, dans la farine,
du sucre, de la cellulose, une matière grasse et des sels.

Dans cette expérience, nous avons séparé deux des principes
immédiats constituant la farine : nous avons fait l'*analyse immédiate,* incomplète toutefois, de la farine. Dans l'expérience
précédente, nous avons fait l'analyse immédiate de la pomme
de terre.

101. Analyse élémentaire. — Introduisons dans un tube
de verre un peu d'amidon ou de fécule et chauffons : il se dégage de la vapeur d'eau, et il reste dans le tube un résidu noir
de charbon.

La conclusion de cette expérience est que les éléments (corps
simples) qui constituent l'amidon
sont le carbone, l'hydrogène et l'oxygène. S'il y avait eu une quantité
suffisante d'oxygène, le charbon
aurait été brûlé et l'on aurait obtenu, outre la vapeur d'eau, de l'acide
carbonique ; et il n'y aurait pas eu
de résidu de charbon.

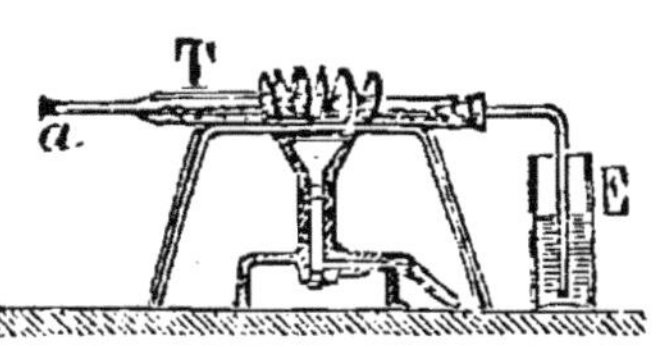
Fig. 95. — **Combustion de l'hy-
drogène et du carbone des
matières organiques.**
E, éprouvette contenant de l'eau de
chaux. T, tube en verre contenant
la matière organique et l'oxyde de
cuivre; *a*, bout d'agitateur fermant
le tube.

Recommençons l'expérience, et
mettons dans le tube (*fig.* 74)
un mélange fait en parties à peu près égales d'oxyde de cuivre

6.

et d'amidon. Il se dégagera de l'acide carbonique que l'on caractérisera facilement au moyen de l'eau de chaux, et l'oxyde de cuivre sera réduit (73).

C'est par une opération analogue, mais faite avec beaucoup plus de soin, qu'on dose, dans un principe immédiat, l'hydrogène en recueillant la vapeur sur de la ponce sulfurique, et le carbone en absorbant l'acide carbonique par la potasse.

L'oxygène se dose par différence.

L'azote, s'il y a lieu, se détermine à part. On le dose en volume, ou bien l'on met à profit ce fait d'expérience qu'*en présence des alcalis énergiques et au rouge, l'azote des matières organiques se transforme totalement en ammoniaque.* Dans ce dernier cas, il ne faut pas que l'azote provienne de produits nitreux.

La substance alcaline employée est un mélange de soude et de chaux appelée *chaux sodée.* La potasse, ou la soude, employée seule est trop fusible.

A de la chaux sodée bien desséchée par calcination, et préparée en éteignant de la chaux vive par une lessive de soude, mêlons du gluten, de la laine, du cuir, du pain, etc. Chauffons dans un tube disposé comme précédemment. Si l'on a mis dans l'éprouvette E de l'eau teintée par du tournesol rouge, celui ci deviendra bleu, parce qu'il se sera dégagé de l'ammoniaque qu'on peut du reste caractériser (comme **il a été dit 54**), au moyen de l'acide chlorhydrique.

CELLULOSE

102. Action de l'acide sulfurique.—Le coton, la moelle de sureau, le papier blanc non collé, les vieux chiffons qui ont subi un grand nombre de lavages, sont de la cellulose à peu près pure.

L'acide sulfurique concentré transforme la cellulose en amidon. Trempons à moitié une petite feuille de papier à filtrer blanc dans de l'acide sulfurique non étendu ; retirons le papier après quelques secondes d'immersion et lavons à grande eau.

Si préalablement nous avons fait, sur les deux parties de la feuille, une tache avec de la teinture alcoolique d'iode, la tache deviendra d'un beau bleu pour la portion trempée dans l'acide, l'autre disparaîtra. On a vu (53) que l'iode et l'amidon donnent une matière bleu indigo par leur action réciproque à froid.

L'acide sulfurique a transformé le papier en parchemin végétal.

Si l'on prolonge l'action de l'acide sulfurique, on transformera la cellulose en dextrine. matière soluble isomère de la cellulose. Cette dextrine peut être transformée en sucre (109).

103. Coton-poudre. — L'acide azotique fumant transforme la cellulose en une matière explosive connue sous les noms de *coton-poudre*, *fulmi-coton*, *pyroxyle*, *pyroxyline*. Un équivalent d'hydrogène de la celluolse est remplacé par un équivalent d'acide hypoazotique AzO^4, et s'unit à l'équivalent d'oxygène restant de l'acide azotique pour former de l'eau :

$$C^{12}H^{10}O^{10} + AzO^5,HO = C^{12}H^9(AzO^4)O^{10} + 2HO$$

Cellulose.　　　Acide azotique.　　　Pyroxyle.　　　Eau.

Par une action plus prolongée de l'acide azotique, on arrive à remplacer dans la cellulose plusieurs équivalents d'hydrogène par autant d'équivalents d'AzO^4.

Au lieu d'opérer avec l'acide azotique fumant, on peut employer le mélange de salpêtre et d'acide sulfurique qui donne l'acide azotique. L'acide sulfurique s'ajoute même à l'acide azotique, il s'empare de l'eau formée ou mise en liberté.

Le coton-poudre dissous dans un mélange d'alcool et d'éther constitue le *collodion*.

104. Action du chlore. — Le chlore décompose la cellulose en s'emparant d'une partie de son hydrogène. Si, dans un ballon, on introduit du papier taché d'encre et un lait de chlorure de chaux ou de l'eau de Javel, le papier devient blanc ; mais si l'on chauffe, la cellulose est attaquée, et il se dégage de l'acide carbonique que l'on caractérise par l'eau de chaux (*fig.* 96). On devra donc agir avec précaution lorsqu'on voudra blanchir de la pâte à papier, de la toile, etc., par les chlorures décolorants (49).

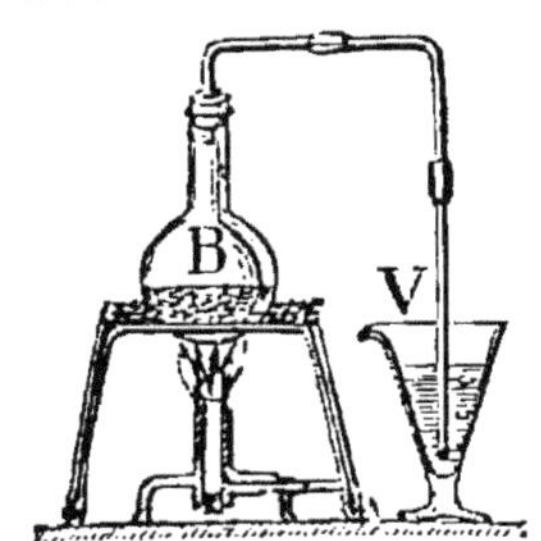

Fig. 96. — **Action du chlore sur la cellulose.**

B, ballon contenant du papier et un lait de chlorure de chaux.
V, verre contenant de l'eau de chaux.

105. Action des alcalis. — Les alcalis détruisent la cellulose.

Si l'on enveloppe de la chaux dans du papier, après quelques jours celui-ci est devenu friable.

En trempant une feuille de papier ou du coton dans une solution de potasse concentrée, l'attaque a lieu même à froid.

Un mélange de potasse, de soude et de chaux caustique s'emploie pour transformer la cellulose de la sciure de bois en acide oxalique. Cette opération se fait industriellement en chauffant le mélange à 250° dans un four à réverbère.

106. Action de la chaleur. — Sous l'influence de la chaleur, la cellulose se décompose. En distillant du bois (20) on obtient du charbon, de l'esprit et du vinaigre de bois, et des goudrons (*fig.* 97).

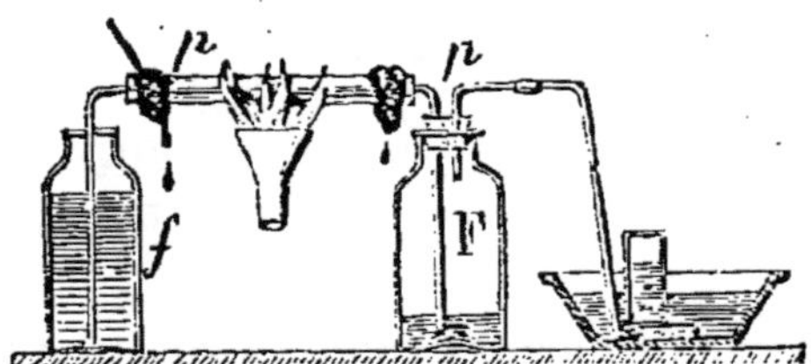

Fig. 97. — **Distillation du bois.**

T, tube métallique contenant le bois ; *pp'* papier buvard maintenu humide pendant la durée de l'expérience ;
F, flacon laveur où s'arrête le goudron ;
f, sert de support et un peu de gaz s'y dégage si T s'obstrue.

Si la calcination se fait à l'air libre, le charbon se transforme totalement en acide carbonique, et les autres matières, goudrons, etc., en acide carbonique et vapeur d'eau ; il reste un résidu fixe (cendres) qui est formé des matières minérales puisées dans le sol par la plante.

La décomposition naturelle des matières organiques se produit sous l'influence de l'humidité ; si elle est incomplète, il se forme une matière brune ou noire qu'on appelle *humus*.

La décomposition naturelle, sans le concours de l'oxygène, s'effectue d'une manière analogue à celle produite par la chaleur en vase clos, mais elle est beaucoup plus lente. Les matières organiques enfouies sous l'eau, dans la vase, donnent du charbon (tourbe), de l'acide carbonique, de l'oxyde de carbone et des hydrocarbures ; l'un de ces derniers, le gaz des marais, peut-être recueilli facilement. A l'aide d'un bâton, on agite la vase au fond d'un marais et on recueille au moyen d'un flacon plein d'eau à large ouverture, ou muni d'un entonnoir, et retourné dans l'eau l'ouverture en bas, les bulles de gaz qui se dégagent.

AMIDON ET SUCRE

107. Amidon et fécule. — Dans les cellules des graines ou des tubercules de certaines plantes, il se dépose, vers l'époque de la maturation, de l'amidon ou de la fécule ($C^{12}H^{10}O^{10}$).

Vue au microscope, cette matière apparaît sous la forme de grains ovoïdes plus gros pour la fécule que pour l'amidon; une loupe Stanhope suffit pour cet examen.

Dans une graine sèche la vie paraît éteinte ; il n'en est plus de même si cette graine est humide et placée à l'air dans des conditions convenables de température ; la graine germe.

Plaçons dans une assiette de l'orge que nous abandonnerons pendant quelques jours ; après l'avoir humecté d'eau, les radicelles se développent, puis la tigelle. Il se forme un principe azoté, la *diastase*, qui a la propriété de rendre soluble l'amidon en le transformant en sucre. Ce sucre concourt à la formation des cellules de la jeune plante.

L'amidon et la fécule ont été préparés (**99** et **100**). Ils forment avec l'eau bouillante un *empois*, bleuissant par l'iode à froid.

108. Dextrine. — En chauffant doucement de l'amidon ou de la fécule dans une coupelle de tôle, et en remuant de manière à empêcher la carbonisation au contact du métal, l'amidon devient jaune, puis brun; il est devenu soluble dans l'eau, bien que sa composition élémentaire n'ait pas changé. L'amidon ainsi transformé s'appelle *dextrine*.

On peut obtenir la dextrine par voie humide. Chauffons à l'ébullition dans un ballon 5 grammes de fécule et 50 grammes d'eau acidulée par quelques gouttes d'acide sulfurique, le liquide devient clair. En ajoutant un peu de craie en poudre, on neutralise l'acide, et le liquide clair, décanté, a une consistance analogue à de l'eau gommée; c'est une solution de dextrine.

La dextrine se colore en rouge fauve par l'iode et non en bleu.

109. Glucose. — En prolongeant l'ébullition dans l'expérience précédente pendant plusieurs heures, on obtiendrait du glucose ($C^{12}H^{12}O^{12}$).

La matière gommeuse obtenue (**102**) en triturant de la cellulose ou des chiffons dans l'acide sulfurique, se comporte de même à l'ébullition si on l'étend préalablement d'eau.

L'ébullition est jugée suffisante et l'opération terminée lorsqu'une goutte de la liqueur refroidie ne bleuira plus par la teinture d'iode.

On ajoutera de la craie pour neutraliser l'acide sulfurique et le liquide décanté sera une dissolution de *glucose*.

L'acide sulfurique étendu a d'abord transformé l'amidon en *dextrine* puis en *glucose*.

110. Saccharification. — Dans l'expérience (107), il s'est formé un principe azoté, la *diastase*, qui peut transformer un grand nombre de fois son poids d'amidon en *glucose*. Si l'on arrête la germination en faisant sécher la graine, lorsque la gemmule atteint à peu près la longueur du grain, et que l'on fasse macérer dans l'eau chaude, le *malt* ou orge débarrassé de ses radicelles, on obtiendra un liquide sucré. La dessication peut se faire en petit dans une marmite de fonte placée sur le feu ; on procède par petites portions, et l'on remue constamment.

La fécule de pomme de terre pourra être transformée en glucose par la diastase du malt.

Chauffons, dans une marmite de fonte, quelques pommes de terre avec un peu d'eau de manière à les faire cuire, broyons-les chaudes, et ajoutons du malt 1 10 environ du poids des pommes de terre ; puis de l'eau, pour faire une bouillie semi-fluide, cinq fois le poids des pommes de terre ; chauffons vers 60° pendant une heure et abandonnons. Le liquide surnageant que nous trouverons après est sucré, il y a eu formation de glucose.

Les liquides sucrés obtenus dans cette expérience et les précédentes, sont conservés pour être transformés en alcool (116).

111. Sucre ordinaire. — Il a pour formule $C^{12}H^{11}O^{11}$; on le rencontre tout formé dans le suc de la canne à sucre, de la betterave, et celui de quelques autres plantes, l'érable, le melon, etc.

Pour l'extraire, on écrase la matière première, on comprime fortement la pulpe obtenue, on débarrasse le liquide qui s'écoule des matières étrangères qu'il renferme, et on le fait ensuite cristalliser.

Réduisons en pulpe fine de la betterave en la râclant au moyen d'une lame de couteau ou d'un morceau de verre, et comprimons dans la main pour extraire le jus. Ajoutons à ce dernier un peu de chaux et abandonnons au repos : les matières albuminoïdes et les acides organiques sont précipités par la chaux, mais celle-ci s'est combinée aussi au sucre et a formé

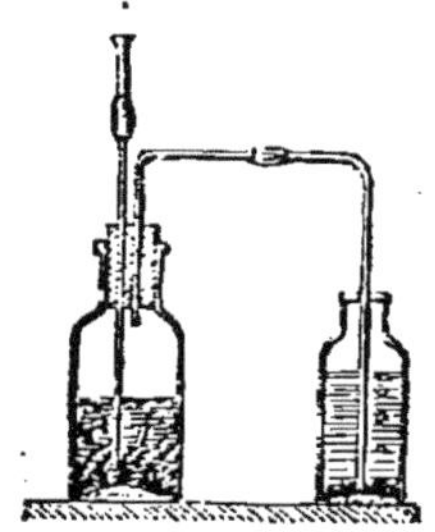

Fig. 98. — **Carbonatation du jus sucré déféqué.**

un composé soluble (sucrate de chaux). Cette opération est désignée en industrie sous le nom de *défécation*. Le liquide clair obtenu par décantation ou filtration est imputrescible ; on le débarrasse de la chaux qu'il contient en le soumettant à l'action d'un courant d'acide carbonique (*fig.* 98), puis en filtrant à nouveau, après ébullition.

En l'évaporant ensuite jusqu'à consistance sirupeuse, une grande partie du sucre qu'il renferme, cristallisera par refroidissement.

La chaleur nécessaire à l'évaporation décompose une partie du sucre et le transforme en sucre incristallisable appelé *mélasse*. On s'oppose à sa formation, dans les sucreries, en évaporant dans le vide.

112. Sucre interverti. — Mettons dans un ballon de verre 20 grammes de sucre et 5 grammes d'eau et chauffons, la masse fond et prend une teinte jaune ; si à ce moment on la coulait sur une surface unie graissée d'huile, et si on la roulait en petits cylindres, on aurait le *sucre d'orge*. Si l'on continuait à chauffer, la matière deviendrait brune et se transformerait en *caramel*, matière brune et déliquescente employée dans la cuisine pour jaunir le bouillon, et dans les distilleries pour jaunir les alcools, brunir le rhum, etc.

Ajoutons à notre sucre jaune de l'eau légèrement acidulée par l'acide sulfurique et faisons bouillir pendant environ dix minutes, nous obtiendrons du *sucre interverti* ($C^{12} H^{12} O^{12}$) ; il ne cristallise plus et ressemble beaucoup au glucose. Ceci explique pourquoi l'on n'obtient pas de cristaux quand on concentre le jus sucré des fruits acides.

113. Propriétés des différentes sortes de sucre. — Le sucre ordinaire se combine aux bases et donne des sucrates. Le glucose donne des glucosates mais brunit par la potasse, c'est un moyen de le distinguer du sucre ordinaire.

L'oxyde de cuivre offre un moyen facile de distinguer les deux espèces de sucre : si à deux solutions de sucre et de glucose on ajoute quelques gouttes de sulfate de cuivre, puis un peu de lessive de potasse et qu'on chauffe les deux tubes, celui qui contient le glucose perd sa teinte bleue, il se précipite du sous oxyde de cuivre $Cu^2 O$ rouge, tandis que l'autre tube ne change pas de couleur. Cette action du glucose sur l'oxyde de cuivre est mise à profit pour le dosage du sucre.

114. Argenture à froid. -- L'oxyde d'argent est aussi réduit par le sucre interverti et le glucose; il se dépose de l'argent métallique.

A quelques centimètres cubes d'une solution d'azotate d'argent à cinq pour cent, ajoutons goutte à goutte une solution de soude caustique jusqu'à précipitation complète de l'oxyde d'argent.

Ajoutons ensuite de l'ammoniaque juste en quantité suffisante pour dissoudre l'oxyde formé ; il n'en faut pas mettre en excès ou bien l'on s'expose à un insuccès. Doublons le volume du liquide en ajoutant de l'eau distillée.

Le liquide clair, filtré au besoin, obtenu ainsi est mélangé, au moment de s'en servir, au dixième de son volume d'une solution à cinq pour cent environ de sucre interverti ou de glucose ; on le met dans un tube de verre bien propre qu'on plonge dans de l'eau chauffée vers soixante degrés. En quelques minutes, la réduction de l'oxyde d'argent est faite, et l'argent métallique brillant fixé sur les parois du tube.

L'acide tartrique peut remplacer le sucre.

115. Gommes et glucosides. — La gomme qui exsude des pruniers, des cerisiers, etc., est formée de deux parties l'une soluble, analogue à la *gomme arabique*, l'autre insoluble semblable à la *gomme adragante* se gonflant par l'eau et formant un *mucilage*.

Quelques gouttes d'une solution de gomme arabique versées dans l'alcool donnent un précipité insoluble. On donne plus d'adhésion à la solution de gomme en l'additionnant d'un peu de sulfate d'alumine.

La *pectine*, principe gélatineux des fruits et de certaines racines, se prend en gelée par refroidissement si la solution n'est pas trop étendue et surtout si elle a été bouillie avec du sucre ; on peut faire l'expérience avec de la guimauve, des navets, etc.

Les framboises contiennent plus de pectine que les groseilles ; c'est pourquoi la gelée de groseille réussit bien quand on y ajoute du jus de framboise.

Les *glucosides* sont des principes immédiats qui donnent du glucose quand on les décompose dans des conditions spéciales.

Lorsqu'on épuise l'écorce de saule ou de peuplier par l'eau bouillante et qu'on fait digérer avec de la litharge la liqueur concentrée, on obtient une dissolution de *salicine* qu'on peut faire cristalliser. La salicine donne, en présence de l'acide sulfurique faible, du glucose et une matière résineuse.

Des feuilles de tremble, on peut extraire de la *populine ;* de l'écorce du marronier d'Inde, de l'*esculine*, etc.

La *saponine* se trouve dans la saponaire et aussi dans le marron d'Inde.

Découpons quelques marrons d'Inde en tranches fines et mettons en digestion dans l'eau tiède. Filtrons la liqueur, et concentrons ; nous aurons une solution de saponine, ainsi qu'on peut s'en assurer en agitant du pétrole placé dans une fiole avec quelques gouttes de cette solution : le pétrole prend la consistance de l'huile figée, c'est un caractère de la saponine.

L'eau contenant de la saponine mousse par l'agitation.

ALCOOL ORDINAIRE

116. Fermentation. — Réunissons dans un flacon les liquides sucrés préparés précédemment, et ajoutons un peu de *levure de bière*. Le liquide laisse bientôt dégager des bulles gazeuses, il se produit un mouvement tumultueux, on dit que le liquide fermente. Il ne faut pas que la température ambiante soit trop basse, 10 à 15° au moins.

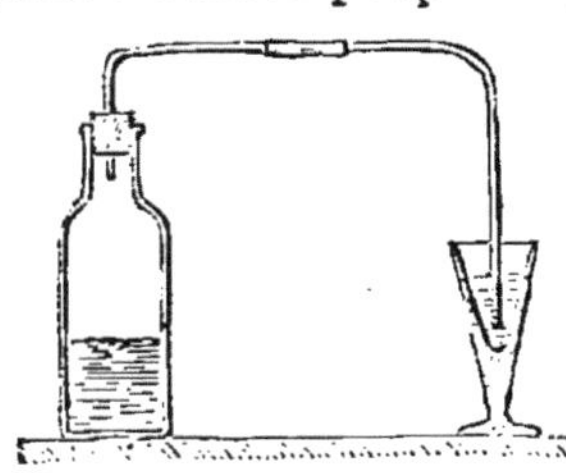

Fig. 98. — Fermentation d'un liquide sucré.

F, flacon contenant le liquide sucré et de la levûre. Il se dégage CO_2 qui trouble l'eau de chaux du verre V.

Le glucose se dédouble en alcool et acide carbonique :

$$C^{12}H^{12}O^{12} = 2C^4H^6O^2 + 4CO^2$$

On peut recueillir ce dernier en se servant de la disposition indiquée (*fig.* 99), et le caractériser par l'eau de chaux.

7

En remplaçant la levure par du gluten altéré, pourri, la fermentation se produit également ; mais la levure est la substance qui agit le plus énergiquement.

Outre l'alcool et l'acide carbonique, il se produit pendant la fermentation, des produits secondaires tels que de l'*acide succinique*, de la *glycérine*, environ cinq pour cent du poids de la matière sucrée.

Une dissolution de sucre ordinaire $C^{12}H^{11}O^{11}$ fermente si l'on y sème de la levure de bière ; mais le sucre se transforme d'abord en glucose, en fixant de l'eau une quantité correspondant à peu près aux 5 pour cent de matières étrangères qui se forment en même temps que l'acide carbonique et l'alcool.

Les cellules composant la levure, et dont la formation détermine la fermentation, ne se produisent que s'il y a dans le liquide des matériaux capables de les nourrir.

Ces matériaux sont des matières azotées, et des sels (phosphates) alcalins et terreux ; ils existent dans tous les fruits sucrés ou féculents.

117. Distillation. — Si l'on soumet à l'ébullition un liquide sucré *ayant subi la fermentation*, l'alcool formé se vaporise d'abord ainsi qu'une certaine quantité d'eau, et on peut le recueillir en refroidissant la vapeur.

Mettons dans une cornue une partie du liquide fermenté de l'expérience précédente, et disposons l'appareil comme il a été dit pour la préparation de l'acide azotique (41) ; chauffons jusqu'à l'ébullition, nous obtiendrons dans le ballon refroidi (*fig.* 100) une solution alcoolique. Par plusieurs distillations successives, on obtiendrait un liquide contenant de moins en moins d'eau, et de plus en plus riche en alcool. On emploie habituellement pour cette opération un alambic.

Fig. 100. — **Distillation.**

En c le liquide fermenté ; les vapeurs se condensent dans le ballon B que l'on maintient froid en versant sur une feuille de papier de l'eau froide au moyen du tube t.

On peut obtenir par une seule opération de l'alcool presque pur. Le liquide fermenté est mis dans une chaudière et porté à l'ébullition, les vapeurs se condensent dans un premier récipient, s'échauffent bientôt et vont se condenser dans un second récipient, puis un troisième et ainsi de suite jusqu'à un dixième ou douzième récipient.

Pour nous rendre compte du principe sur lequel repose le fonctionnement des appareils industriels, mettons dans un ballon un liquide fermenté, et adaptons à la suite deux flacons dont le dernier seulement sera entouré d'eau froide (*fig.* 101).

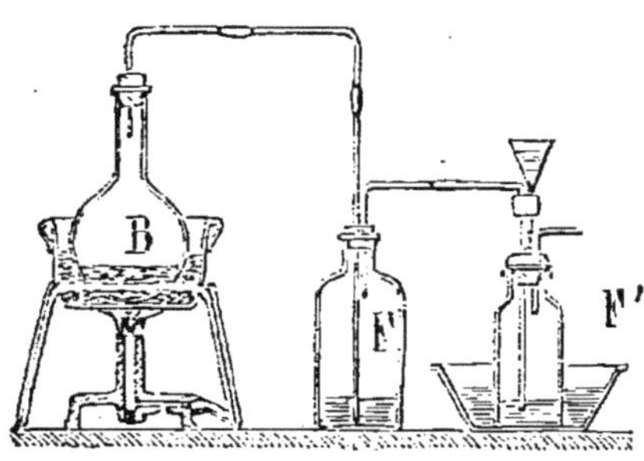

Fig. 101. — Rectification double.

Les vapeurs se condenseront d'abord dans le premier flacon F ; le liquide entrera ensuite en ébullition par suite de l'arrivée de nouvelles vapeurs ; mais la température de F sera inférieure à celle de B, d'où les vapeurs nouvelles qui se condenseront en F′ seront plus riches en alcool que les premières.

A la fin de l'opération, c'est-à-dire lorsque le liquide de B aura diminué de la moitié de son volume, il y aura en F′ de l'alcool à quarante ou cinquante pour cent, celui de F marquera 10 ou 15 et le résidu de B sera privé d'alcool.

En recommençant l'opération avec le liquide de F', on obtiendrait de l'alcool à soixante-dix ou quatre-vingt pour cent.

118. Fermentation panaire. — Faisons avec de la farine et de l'eau une pâte claire que nous abandonnerons pendant une semaine ou deux. La pâte subira peu à peu une altération qui se manifeste pendant les premiers jours par un dégagement de bulles de gaz d'une odeur désagréable ; après une semaine, la pâte acquiert une odeur légèrement spiritueuse, il se forme de l'alcool ; plus tard la pâte s'aigrit, l'alcool se transforme en acide acétique ou vinaigre.

Ce sont les gaz formés qui font lever la pâte et rendent le pain spongieux.

On peut faire lever la pâte, sans levain ni levûre, en y introduisant des substances susceptibles de prendre l'état gazeux par la chaleur.

Ajoutons à 10 grammes d'eau quelques gouttes d'ammoniaque, et saturons par un courant d'acide carbonique (84) ; ajoutons 20 grammes environ de farine, et formons une pâte homogène que nous placerons ensuite dans une marmite de fonte sur du sable garnissant le fond. Chauffons cette marmite qui remplace pour nous le four, en dessous par un bec de gaz, en-dessus par des charbons allumés placés sur le couvercle, et sur lesquels on soufflera pour activer leur combustion.

Sous l'influence de la chaleur, le carbonate d'ammoniaque se décompose, l'acide carbonique et l'ammoniaque qui se dégagent trouent la pâte.

En ajoutant à la farine du bicarbonate de soude, et à l'eau quelques gouttes d'acide chlorhydrique, on obtient un effet analogue à celui que produit le carbonate d'ammoniaqne. Il reste un peu de chlorure de sodium ou sel marin dans la pâte.

Ces procédés sont appliqués dans la fabrication des pâtisseries légères.

119. Acétification de l'alcool. — Le vin abandonné dans des vases incomplètement fermés se transforme souvent en vinaigre. Il se couvre de petites fleurettes blanches, végétal microscopique, le *mycoderme*, appelé vulgairement *mère* ou *fleur de vinaigre;* c'est une sorte de moisissure dont le rôle est de porter l'oxygène de l'air sur l'alcool du liquide.

L'alcool se transforme en acide acétique :

$$C^4H^6O^2 \quad + \quad O^4 \quad = \quad C^4H^4O^4 \quad + \quad 2HO$$

Alcool.   Acide acétique.

Le vinaigre est de l'acide acétique très étendu d'eau. Il faut que le titre alcoolique du liquide à transformer en vinaigre soit peu élevé, dix pour cent environ ; une plus grande quantité d'alcool ferait périr le mycoderme. De plus, il faut que le liquide alcoolique contienne des phosphates alcalins et terreux destinés à servir d'aliments minéraux au mycoderme.

Plaçons un peu de vin au fond d'un flacon à large ouverture, et jetons à sa surface quelques fleurettes de vinaigre. Le vin du flacon incomplètement fermé et maintenu dans un endroit chaud, sera transformé en vinaigre après quelques jours. A Orléans, on fabrique le vinaigre par un procédé analogue.

De l'alcool étendu d'eau se transformera aussi en vinaigre, si l'on met dans le liquide, de manière qu'une portion soit au contact de l'air, des copeaux de hêtre imbibés de fort vinaigre. Les copeaux peuvent être remplacés, si l'on veut réaliser l'expérience en petit, par une tranche de pain imprégnée de vinaigre ou de levain acide (118). Cette préparation faite en grand avec les copeaux de hêtre constitue le procédé allemand.

L'acétification sera d'autant plus rapide que la surface du liquide, couverte du mycoderme et au contact de l'air, sera plus grande. (Procédé Pasteur.)

En passant dans un entonnoir (*fig.* 102) une ficelle arrêtée par un nœud et imprégnée de fleur de vinaigre, le vin que l'on fera couler le long de la ficelle sera rapidement transformé en vinaigre. Quelques passages successifs du vin sur la ficelle suffisent pour que l'acétification soit complète.

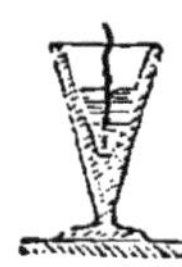

Fig. 102.

120. Éthers. — On mêle peu à peu parties égales d'alcool et d'acide sulfurique, la masse s'échauffe et l'on perçoit une une odeur éthérée. En introduisant le mélange dans le ballon B de l'appareil (*fig.* 103), on obtiendra, par distillation, en F et F' un liquide très inflammable, dangereux à manier au voisinage des flammes, c'est l'éther ordinaire C^4H^5O. Il diffère de l'alcool par un équivalent d'eau en moins:

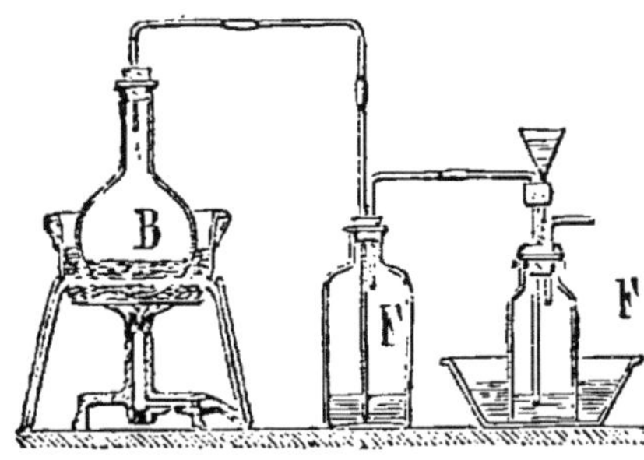

Fig. 103. — **Préparation des éthers.**

$$C^4H^6O^2 - HO = C^4H^5O$$

C'est l'oxyde d'éthyle.

En mêlant l'alcool à quatre fois son poids d'acide sulfurique et en chauffant, l'alcool perd deux équivalents d'eau au lieu d'un et devient de l'*éthylène* ou *bicarbure, gaz oléfiant*, etc.

$$C^4H^6O^2 - 2HO = C^4H^4$$

Le liquide mousse et s'élève dans le ballon, ce que l'on peut éviter en ajoutant du sable sec (préalablement lavé à l'eau acidulée pour lui enlever son calcaire) en quantité suffisante pour absorber le mélange.

En ajoutant de l'acide acétique, au mélange qui donne l'éther ordinaire, on obtient l'éther acétique ou acétate d'oxyde d'éthyle $C^4H^5O,C^4H^3O^3$. L'addition de l'acide chlorhydrique aurait donné de l'éther chlorhydrique ou chlorure d'éthyle C^4H^5Cl, etc.

Au lieu d'ajouter l'acide qui se combine au radical alcoolique ou à son oxyde, on peut mettre dans le ballon ce qu'il faut pour préparer cet acide. Au lieu d'acide acétique on aurait pu employer un acétate $(NaO,C^4H^3O^3)$; au lieu d'acide chlorhydrique, un chlorure $(NaCl)$, etc. La réaction dans ce cas est un peu plus vive, et il faut chauffer doucement.

Mêlons à de l'éther acétique un volume égal d'une lessive faible de potasse ou de soude et distillons, l'alcool sera régénéré :

$$C^4H^5O,C^4H^3O^3 \; + \; NaO,HO \; = \; C^4H^5O,HO \; + \; NaO,C^4H^3O^3.$$

SUBSTANCES ORGANIQUES AZOTÉES

121 Matières protéiques. — Les matières azotées analogues à l'albumine trouvée dans la pomme de terre, etc., sont souvent appelées matières protéiques parce que l'on admet qu'elles ont toutes pour base un radical organique la *protéine* combinée au soufre et au phosphore.

On décèle facilement la présence du soufre. A quelques grammes de gluten, ou de pois concassés, de laine, etc., on ajoute de la lessive de soude obtenue en caustifiant un poids de sel de soude (78) égal environ à celui de la matière employée ; on fait bouillir, il se forme du sulfure de potassium qu'on reconnaît par un acide, ou par un sel de plomb.

122. Gélatine. — Les substances animales qui ne sont pas matière protéique ou graisse peuvent se convertir en gélatine ; il suffit pour cela de les faire bouillir assez longtemps dans l'eau.

Mettons en digestion dans l'acide chlorhydrique, des os dégraissés et secs et grossièrement concassés, et abandonnons pendant une semaine ou deux. Les os changeront d'aspect et deviendront flexibles. Si après les avoir lavés on les fait bouillir dans l'eau, on obtiendra une gelée qui desséchée sera de la *colle forte*.

L'acide chlorhydrique a dissous les matières minérales, carbonate et phosphate de chaux des os. En versant du carbonate de soude dans le liquide, on obtient un précipité de phosphate tribasique de chaux $PhO^5,3CaO$.

Si l'on ajoute, à de la colle forte, le double de son poids d'eau, puis lorsque la gélatine est gonflée, si on y incorpore, en chauffant doucement au bain-marie, un volume égal de glycérine, la gelée obtenue se dessèche difficilement. Cette pâte s'emploie pour la confection des polycopies, polygraphes, etc. Avec une encre composée de violet d'aniline dissous dans dix fois son poids d'eau, on peut obtenir cinquante épreuves. L'expérience est des plus simples.

123. Putréfaction. — Dans un flacon plein d'eau (*fig* 50), introduisons du gluten ou simplement de la farine, et abandonnons l'appareil pendant plusieurs semaines. Voici ce que l'on pourra observer :

1° Il se dégage de l'hydrogène et de l'acide carbonique ;

2° Il se forme de l'hydrogène sulfuré qui reste dans l'eau ;

3° Il y a eu formation d'ammoniaque.

Le liquide a acquis une odeur très désagréable ; il noircit l'acétate de plomb ; et, chauffé avec de la chaux, il laisse dégager de l'ammoniaque.

Les matières azotées donnent seules la fermentation putride ; l'odeur désagréable qu'elles dégagent est due surtout aux combinaisons, avec l'hydrogène, de l'azote, du soufre et du phosphore.

124. Nitrification. — Si l'on mêle un peu de tourteau de colza à du sable, des cendres, de la terre, de la chaux, et qu'on laisse le mélange exposé à l'air, en le remuant de temps en temps et en le maintenant humide, il se formera du salpêtre.

L'opération faite en été est terminée en moins de deux mois. L'azote du tourteau s'est d'abord transformé en ammoniaque, puis en acide azotique qui s'est combiné à la potasse des cendres (80).

ACIDES ET SELS ORGANIQUES

125. Préparation des acides. — On traite les matières liquides qui les contiennent par de la chaux ou par l'oxyde ou un sel de plomb. On enchaîne ainsi l'acide dans une combinaison insoluble qu'on sépare du reste du liquide. En ajoutant de l'acide sulfurique, ou en faisant agir le gaz sulfhydrique sur la combinaison insoluble en suspension dans l'eau, l'acide organique est mis en liberté. Le liquide qui le tient en solution est ensuite filtré et concentré. Cette méthode est généralement suivie pour la préparation des acides.

7*

Extrayons par exemple le jus d'un citron ou d'autres fruits acides, groseilles, cerises, etc., et ajoutons de la chaux ou de la craie; recueillons la partie insoluble et ajoutons de l'acide sulfurique dilué.

Le plâtre formé étant séparé par filtration on aura un liquide qui donnera, par concentration puis refroidissement, des cristaux d'acide citrique.

126. Acétates. — Le vinaigre est de l'acide acétique très dilué; l'acide pyroligneux est souillé par des goudrons

Pour préparer les acétates, on attaque généralement par l'acide acétique, l'oxyde ou le carbonate du métal.

En neutralisant de l'acide acétique par du carbonate de soude, on obtient de l'acétate de soude, qui cristallise facilement.

L'alumine se dissout dans l'acide acétique et donne une solution qui est employée comme mordant.

La litharge donne avec l'acide acétique, de l'acétate neutre $PbO,C^4H^3O^3 + 3HO$. Celui-ci ayant bouilli avec une nouvelle quantité d'oxyde de plomb, équivalent pour équivalent, fournit l'acétate bibasique $C^4H^3O^3,HO,2PbO + 3HO$.

Enfin en forçant la proportion d'oxyde de plomb (parties égales de massicot et d'acétate neutre), on obtient de l'acétate tribasique, $C^4H^3O^3,2HO,3PbO + 4HO$, qui donne de la céruse par l'acide carbonique.

En abandonnant à l'air du cuivre humecté d'acide acétique, il se forme du vert de gris. Celui-ci bouilli avec du vinaigre donne de l'acétate neutre $CuO,C^4H^3O^3 + HO$.

127. Oxalates. — En chauffant ensemble dans un ballon 10 grammes de sucre et environ 50 centimètres cubes d'acide azotique et autant d'eau, il se dégage de l'acide hypoazotique (on l'absorbe dans de l'eau); et il se forme de l'acide oxalique qui cristallise par refroidissement, si le volume du liquide est réduit de moitié par ébullition.

L'acide oxalique traité par l'acide sulfurique à chaud, se dédouble en acide carbonique et oxyde de carbone

$$C^2O^3 = CO^2 + CO;$$

c'est un moyen de préparer l'oxyde de carbone (30).

L'acide oxalique, chauffé sur une lame de platine dans la flamme du gaz ou d'une lampe à alcool ne charbonne pas;

les autres acides organiques libres ou combinés, charbonnent.

La plupart des oxalates pourront se préparer comme les acétates.

L'acide oxalique dissout le bleu de Prusse et les oxydes du fer.

En trempant un fragment d'étoffe ou de papier dans un sel de fer, puis dans un alcali, l'oxyde de fer se précipite et brunit à l'air (57).

Si l'on touche en quelques endroits l'étoffe ou le papier avec une dissolution d'acide oxalique, la couleur disparaît. (Rongeant et enlevages pour impression sur tissus.)

128. Tartrates. — Le tartre est peu soluble dans l'eau, 4 ou 5 grammes seulement peuvent se dissoudre dans un litre d'eau ; il est acide, et en lui ajoutant de la potasse ou de la soude, on le neutralise :

$$KO,HO,C^8H^4O^{10} \quad + \quad NaO,HO \quad = \quad KO,NaO,C^8H^4O^{10} \quad + \quad 2HO$$

Tartre.   Sel de Seignette.

Si l'on détermine la quantité de soude ajoutée, on peut, par le calcul, trouver le titre d'un tartre du commerce.

Le tartrate double de potasse et soude ou *sel de Seignette* est beaucoup plus soluble que le tartre.

En ajoutant, à 50 grammes d'eau bouillante, et par portions, 15 grammes de tartre et 10 grammes de carbonate de soude, tout se dissout ; par refroidissement on obtient de gros cristaux faciles à purifier par de nouvelles cristallisations.

La crème de tartre s'obtient facilement par cristallisation du tartre brut ; l'acide tartrique, en suivant la méthode générale (125).

129. Citrates. — On a dit (125) comment on prépare l'acide citrique. C'est un acide tribasique $C^{12}H^5O^{11},3HO$.

Le peroxyde de fer obtenu (57) se dissout dans l'acide citrique. Le liquide concentré, déposé par gouttes sur une assiette et abandonné dans un endroit sec, donne des paillettes rouge grenat de citrate de fer. Ce sel peut être employé pour la préparation du papier pour épreuves photographiques bleues.

130. Caractères des principaux acides organiques. — Les sels organiques charbonnent par la calcination, excepté les oxalates.

Les *tartrates, citrates, malates* précipitent par le chlorure de calcium, à froid, à chaud ou par l'alcool.

Les *benzoates, succinates*, précipitent par le perchlorure de fer.

Les *formiates, acétates* ne précipitent pas par les deux réactifs précédents.

Voici les principales réactions :

	AZOTATE D'ARGENT	ACÉTATE DE PLOMB	ACIDE SULFURIQUE	RÉACTIFS DIVERS
Tartrates	Pr. blanc, noircit par ébullition.	Pr. blanc sol. dans AmO.	Fait dégager à chaud CO,CO^2 puis SO^2, et le mélange noircit	Dans liq. conc préc. par acétate de potasse acide.
Citrates	Pr. blanc floconneux ne noircissant que peu par l'ébullition.	Pr. blanc sol. dans AmO.	Fait dégager CO et CO^2 sans que liq. noircisse.	Le Fe^2 Cl^3 colore en brun.
Malates	Pr. blanc devenant un peu gris par chal. réduction tr.-incomp.	Pr. blanc sol. dans AmO, fusible eau bouillante.	Fait dégager CO, CO^2 puis SO^2 et liq. noircit.	AzO^5 oxyde à chaud et transforme en $Ca O^3$.
Benzoates	Pr. blanc sol. eau chaude.	Pr. blanc ins. Am. sol. exc. R.	Pr. blanc crist., si liq. concentré.	Fe. Cl^3 pr. volum. rose.
Succinates	Pr. blanc peu sol. ac. acétique.	Pr. blanc très sol. exc. R.	Rien.	Pr. rouge, brun, pâle, sol. acide acétique.
Formiates	P. blanc avec liq. concentrée.	Pr. blanc crist. sol. eau chaude.	A chaud, ne noircit pas, dégage CO si ac. conc.	$HgCl$ préc. blanc si 60°; à froid rien.
Acétates	Pr. blanc crist. peu sol. eau froide.	»	A chaud, vap. ac. acétique; ajouter alcool, éther.	Les acétates *secs* chauffés avec AsO^3 dégagent cacodyle.

Les précipités par l'azotate d'argent sont tous solubles dans l'acide azotique et l'ammoniaque.

131. Corps gras. — Ce sont des éthers de la glycérine (alcool triatomique dans lequel $n = 3$)

$$C^6 H^8 O^6 = C^6 H^5 O^3, 3\, HO$$

ils forment sur le papier une tache qui ne disparaît pas par la chaleur.

Dans une marmite de fonte (*fig.* 104) contenant de l'eau bouillante ajoutons du suif, puis après fusion de celui-ci, le cinquième environ de chaux vive sous forme de lait de chaux. On agite bien le tout, il se forme un savon calcaire qui vient surnager à la surface; la glycérine reste dissoute dans l'eau.

Le savon calcaire traité par l'acide sulfurique donne du plâtre qui se précipite, et un mélange d'acides gras qui surnage. Cette opération peut être faite au bain-marie dans un vase de verre.

132. Savons. — Les acides gras, particulièrement l'acide oléique, en se combinant à un alcali donnent du savon.

On prépare une lessive de soude en dissolvant 10 grammes de sel de soude dans 100 grammes d'eau, et en caustifiant par la chaux. On divise la lessive décantée en deux parties; on étend l'une de son volume d'eau, et l'on ajoute 50 grammes de suif, d'huile, ou de l'acide gras obtenu précédemment; on fait bouillir dans une marmite de fonte bien propre pendant une demi-heure (*fig.* 104), et l'on ajoute ensuite peu à peu et en remuant, la seconde partie de lesssive sans l'étendre d'eau (empâtage).

On continue à faire bouillir jusqu'à ce qu'une goutte du liquide, refroidie, se prenne en une matière blanche soluble entièrement dans l'eau.

Fig. 0 .

On ajoute alors 10 grammes environ de sel (relargage); on maintient l'ébullition quelques minutes encore, puis on laisse refroidir.

On abandonne dans une terrine ou un verre, et après un jour ou plus on trouve deux couches bien distinctes, la supérieure blanche est du savon, la seconde liquide contient le sel et l'excès d'alcali.

Le savon de soude est dur; celui de potasse est mou, quand on le prépare, le relargage est inutile.

En traitant du savon dissous dans l'eau par de l'acide sulfurique étendu, l'acide gras se sépare comme dans la décomposition du savon calcaire.

133. Alcaloïdes naturels. — Ils sont pour la plupart vénéneux; le tanin qui les précipite est leur principal antidote.

L'iodure double de potassium et de mercure les précipite également ; on prépare ce réactif en versant, dans une dissolution d'un sel de mercure au maximum, de l'iodure de potassium. On obtient d'abord un précipité rouge qui est soluble dans un excès de réactif ; ayant mis celui-ci juste en quantité suffisante, on sépare le précipité par le filtre, on le lave et on le dissout dans une nouvelle quantité d'iodure de potassium.

Mettons quelques centimètres cubes de cette liqueur dans l'éprouvette de la figure 105 ; en allumant le tabac placé dans le tube T, et en faisant fonctionner l'aspirateur G, la fumée de tabac barbottant dans le réactif placé en E donnera un précipité blanc dû à la nicotine. Cet alcaloïde est un des rares qui ne sont pas quaternaires, l'oxygène manque dans sa constitution $(C^{20}H^{14}Az^2)$.

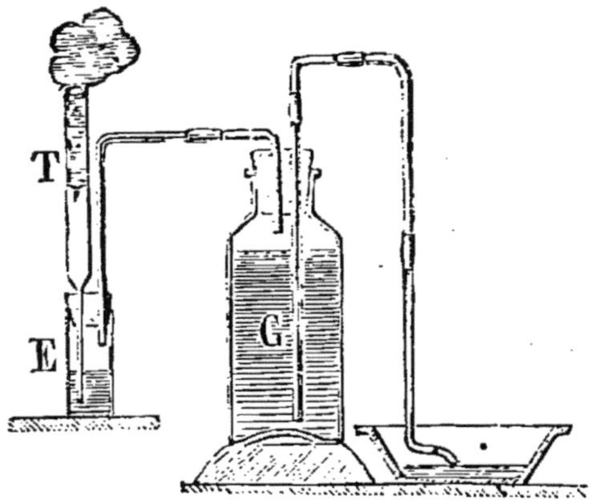

Fig. 105. — La fumée de tabac contient un poison.

134. Ammoniaques composées. — L'ammoniaque peut s'unir aux différents radicaux organiques et engendrer des alcalis nombreux.

Les hydrocarbures de la forme $C^{2n}H^{2n-6}$, appelés *phénols*, fournissent des *amines* dont les composés présentent la plus haute importance ; on en tire les couleurs les plus riches et les plus variées.

En traitant un phénol par l'acide azotique, un équivalent d'hydrogène est remplacé par un équivalent d'hyponitride.

$$C^{12}H^6 \;+\; AzO^5,HO \;=\; C^{12}H^5AzO^4 \;+\; 2HO$$

Versons peu à peu de la benzine dans un mélange de 2 parties d'acide azotique concentré et 1 partie d'acide sulfurique à 66°. Ajoutons ensuite de l'eau, il se précipite un liquide huileux qui a une odeur agréable rappelant celle des amandes amères, c'est *l'essence de mirbane* ou *nitrobenzine* $C^{12}H^5AzO^4$.

En traitant la nitro-benzine par l'hydrogène naissant produit au moyen du fer et d'un acide, les quatre volumes d'oxygène sont remplacés par quatre volumes d'hydrogène, soit deux équivalents; on obtient une ammoniaque composée,

l'*aniline* ou *phénylamine* $\left[\text{Az} \begin{array}{c} [C^{12}H^5] \\ H \\ H \end{array} \right].$

$$C^{12}H^5AzO^4 \quad + \quad 6H \quad = \quad C^{12}H^7Az \quad 4HO$$
$$\text{Nitro-benzine.} \qquad\qquad\qquad \text{Aniline.}$$

L'opération ne réussit bien qu'en grand et l'action de l'hydrogène doit être prolongée. — Les réactions précédentes ont lieu également avec les autres phénols; le toluène $C^{14}H^8$

donne la *toluidine* $C^{14}H^9Az$ ou $\left[\text{Az} \begin{array}{c} [C^{14}H^7] \\ H \\ H \end{array} \right].$

En présence d'une matière oxydante, un équivalent d'aniline et deux de toluidine se combinent avec élimination d'eau et donnent une base nouvelle la *rosaniline* dont tous les sels sont colorés :

$$C^{14}H^7Az \quad + \quad 2C^{14}H^9Az \quad + \quad O^6 \quad = \quad C^{40}H^{19}Az^3 \quad + \quad 6HO$$
$$\text{Aniline.} \qquad\quad \text{Toluidine.} \qquad\qquad\qquad \text{Rosaniline.}$$

Le chlorhydrate de rosaniline $C^{40}H^{19}Az^3,HCl$ ou *fuchsine* permet de préparer facilement la rosaniline.

Dans 100 grammes d'eau faisons dissoudre un demi-gramme de fuchsine ; ajoutons une solution de soude caustique jusqu'à décoloration. La rosaniline est mise en liberté, on peut la séparer par un filtrage. La matière grise qui reste sur le filtre est soluble dans l'éther, et se colore d'une façon remarquable par tous les acides.

Le pouvoir colorant de la fuchsine est considérable. Si l'on verse un peu d'alcool sur une feuille de papier où l'on avait préalablement placé la fuchsine qui vient de servir à notre expérience, il se développe une couleur rouge très intense. La couleur disparaît par l'ammoniaque et reparaît par les acides.

135. Essences. — Les huiles essentielles ou essences que l'on rencontre dans certaines plantes sont odorantes, par conséquent volatiles ; leur composition chimique est variable. Certaines essences sont des hydrocarbures, d'autres sont oxygénées, quelques-unes sulfurées avec ou sans azote ; enfin il en est qui sont des éthers, exemple le *wentergreen* des Anglais.

On extrait les essences en distillant avec de l'eau des fleurs, des fruits, des graines, etc. L'appareil (*fig.* 101) peut très bien convenir pour cette opération

Les zestes d'orange, de citron, la térébenthine, donneront les essences correspondantes qui sont des hydrocarbures, et qui viennent surnager dans le flacon refroidi de l'appareil distillatoire.

Les graines d'anis, de fenouil, les feuilles de lavande, etc., etc.. pourront être employées pour ce genre d'expérience.

Les essences d'odeur agréable mêlées à l'alcool forment des liquides employés pour la toilette, et dont l'eau de Cologne est le type.

FIN

TABLE DES MATIÈRES

Paris. — Imp. E. Capiomont et Cie, rue des Poitevins, 6.

OUVRAGES DE M. PH. ANDRÉ

Paris. — Imp. E. Capiomont et Cie, rue des Poitevins, 6

9 782016 114568